３カ月で改善！

TROUBLESHOOTING MANAGEMENT

システム障害対応実践ガイド

インデントの洗い出しから
障害訓練まで、
開発チームとユーザー企業の
協同 で現場を変える

野村浩司・松浦修治　著

はじめに

■ システム障害対応に関わる皆さんへ

この本を手にとって頂いた皆さん、いつも大変お疲れ様です。障害対応の改善に取り組む皆さんのことを、心から尊敬します。そして、応援したいと思います。

そう聞くと、いや違う、尊敬されるようなことじゃない、この忌々しい状況を何とかして、他のやるべきことをやりたいだけなんだ、と、ネガティブな感情を持つ方もいるかもしれません。他にやる人がいないんだから仕方ないじゃないか、という場合もあるでしょう。

そうだとしても、システム障害にまつわる課題から目を逸らすことなく向き合い、逃げないプロ意識は、尊敬に値すると思います。

もし、経験が少なくてどうすれば改善できるかわからない方だとしても、やったことがないからできない、というのではなく、こうして本を手にとり、行動を起こされているのですから、それ自体が素晴らしいと思います。

だって、そうじゃないですか。考えてみてください。皆さんは、希少性のある専門職であるIT人材の中でも、システム障害という難易度の高い問題を改善しようとするスタンスを持っている方です。

その過酷な状況に愛想を尽かして辞めてしまいたくなったら、ある程度望み通りの転職や社内異動も不可能ではないという方も多いのではないかと思います。

とはいえ、会社の予算や組織文化、上司やお客様との関係、仕事量、ご家庭など、様々な事情により、動きたくても動けない方もいらっしゃると思います。

が、こうして今、書籍を開き、目の前の課題に取り組もうとされていらっしゃいます。おそらく皆さんは、エンドユーザーの方々や社内の仲間を困らせたくない、システム障害対応で苦しんでいるメンバーを助けたい、自分がやらなくて誰がやるのだ、と考えているからこそ、「システム障害対応

を何とかしたい」という思いをお持ちなのではないでしょうか。

しかし、障害対応の改善は、取り組みづらいと思います。そもそも障害自体を復旧させることが最優先です。そのため、対応のプロセスを改善するのは、なかなか優先度が上がりにくく、また、成功事例も増えないのだと感じています。

この本は、そのような状況において、IT サービスを懸命に支えていらっしゃる、なくてはならない方々へ向けた、システム障害対応を改善していくための実践書です。完璧に仕上げることよりも、効率よく改善できるように重要なポイントを押さえ、その後の改善も進みやすくなることを重視しています。

本書は、筆者たちの改善活動と実績をもとに、惜しむことなくノウハウと実践手法を詰め込み、困っている業界の仲間たちの助けになればと思い、執筆しました。

筆者の一人である野村は、2015 年から 7 年にわたり合計約 1000 件の障害事例を分析しました。初期に社内事例約 500 件を分析、その後、実際の障害対策会議には毎年 100 件ペースで出席し続けました。そのほか、世の中で起きる障害事例についても、入手できる限り目を通しています。例えば、書籍、ニュース、ブログ、SNS から、IPA や金融庁などの公的レポートです。

こうして確立した本書のメソッドを実践することで、きっと改善が一歩前に進むことになると信じています。

■ 本書が取り扱う改善スコープ

本書が取り扱う改善のスコープは、図表 0-1 の通り、**障害となる事象を、「担当者が認識（受付）してから、収束（暫定対応）させるまで」**です。収束とは、障害によるサービス影響が落ち着くまで、という意味合いです。

図表 0-1 システム障害対応プロセス（本書のスコープ）

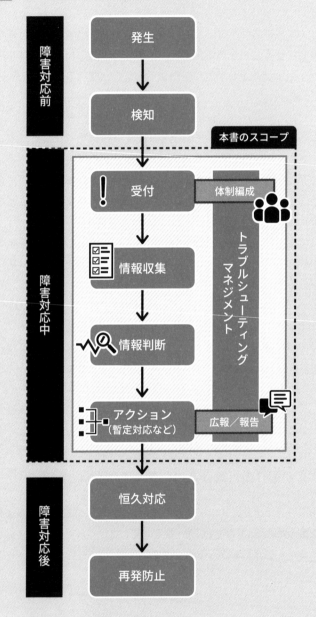

もちろん、そもそも障害が起こらないようにするための品質管理や、障害収束後の真因特定と再発防止を行う問題管理は重要です。しかし、すでにその領域は比較的ノウハウ化が進んでいるように感じます。ところが、真ん中の受付から収束に特化した改善の実践書は、見当たりませんでした（Amazon で「システム障害」「システムトラブル」で検索）。

　また、特に金融系をはじめとして、社会インフラのような IT サービスだと、気軽にシステムに手を入れることが難しく、その前提でシステム障害対応を余儀なくされる方もいらっしゃいます。

　本来はシステム障害が起きない状態が理想なのですが、残念ながら現実はそうではありません。しかし、IT サービスのエンドユーザーにとっては、そのような事情は関係ないことです。このような中、**起きてしまったシステム障害でエンドユーザーを困らせないようにしていくためには、障害が起きた後の対応プロセスを改善していくしかありません。**

本書において工夫したこと

　本書では、改善ステップを 3 カ月 12 週に分け、皆さんの現場が直面しているであろう課題を列挙し、それに合わせた改善手法を実践的に解説しました。その際、改善が進みやすくなるように、開発チーム（内製組織や SIer）とユーザー企業の協同ポイントをつけました。

　また、改善にかける手間が小さくなるよう、そして実践しやすくなるよう、工夫しました。さらに、付録で紹介した、システム障害対応の改善に役立つ雛形を流用することで、改善に必要な工数を少なくできます。例えば、改善対象となるアラートや問い合わせを洗い出すためのワークシートです。それらを分類し、改善見込み効果を明らかにする際、雛形を参考にすることができます。

　さらに、実践書と言うからには、「読んでみたけど明日から何やればいいのかな」とならないように気をつけて書きました。具体的には、可能な限り行動に移せるように、改善ステップに対して、タスクやチェックポイントを明確にしました。改善のイメージを肌で感じてもらえるように、付録 1 に改善の実践事例も掲載しました。

改善とは投資です。 まず人的リソースを投資する必要があります。そのためにかける工数はなるべく小さく、そして効果が大きければ、投資としては成功です。では、どのような方々が改善に関わるでしょうか。

- ●改善を企画し、課題特定する方
- ●実行に向けて計画に落とし込む方
- ●計画を実行し、実際に改善を進める方

　全部同じ方が担うこともあれば、リーダーとメンバーで役割分担していることもあるかもしれませんが、これらの方々は、定常業務の中から時間を捻出するだけでなく、場合によっては稼働を増やさなければならない場合もあるでしょう。

　そのような状況に対応するために、本書を役立てて頂きたいと思います。

　マネジメントに携わる方や、IT サービスマネージャとして活躍されている方は、ゼロからメンバーに指示するよりも時間を節約でき、成功率を上げることができます。

■ システム障害対応、成功の鍵とは

　ここで、本書に込めた筆者たちの思いをお伝えします。それは、**協同すること（助け合うこと）が成功の鍵**、ということです。

> 成功の鍵「システム障害対応における協同」とは？
> 開発チームとユーザー企業が助け合いながら、システム障害対応にあたること。

　もちろん、うちはそんなの無理だ、とか、お客さんがそんな風に接してくれない、など様々な事情がおありだと思います。

　それでもなお、筆者の 2 人は、協同と助け合いをシステム障害対応のスタンダードにしていきたいと考えています。

　実践編となる Part 3 に、「協同ポイント」を掲載したのはそれが目的です。

本書が、皆さんの職場において協同のきっかけになるならば、望外の喜びです。

　なぜ、協同と助け合いをシステム障害対応のスタンダードにしたいのか。
　その理由は、**システム障害対応は、様々な関係者と協同し、助け合いながら切り抜けていくことで、エンドユーザーへの影響を最小化できると信じている**からです。
　IT サービスを構築するときは、会社の内外問わず、多くの関係者で開発されますし、他の IT サービスと連携しながら、1 つのプロダクトとして成り立っていることがほとんどです。
　なので、そうやってでき上がった IT サービスで障害が起きるのであれば、構築時と同様に、多くの関係者で乗り越えていくのが自然かつ合理的なのではないでしょうか。

　そんなの当たり前だよね、と感じられたでしょうか。しかし、これをどのように実行に移すかが重要です。なぜなら、開発チームとユーザー企業の立場により、見えている世界は違うので、それゆえに、どこが協同ポイントなのかの見極めが大切だからです。
　本書は、ユーザー企業と SIer という、異なる立場の 2 人による共著ですので、双方の視点を意識し、偏りがないように意識しました。
　なお、関係性の構築ができていない場合への対応方法は、本書のメインスコープからは外れるものの、「協同ポイント」の下に「協同を引き出す声かけ」を紹介しているので、関係構築のきっかけとしてみてください。

皆さんとも協同し、障害対応を改善していきたい

　実は、この書籍も、協同、助け合いの成果の 1 つです。
　私、松浦は、人材系企業の IT 部門で様々な規模の IT サービスに 18 年携わり、いわゆるシステム保守の仕事をしながら、多くの障害対応を経験してきました。
　もう 1 人の筆者である野村は SIer に属し、非常に大規模であり、社会を支えるカード決済サービスの保守担当として、障害対応の最前線に立ち続

けてきました。今では、12年の経験をもとにした知見の体系化と改善の実践に取り組み続ける、システム障害対応の専門家です。

　筆者らはこのような経験を通じて、事業視点、特にサービス視点で障害対応にあたることの重要さを痛感してきました。これは、障害対応の改善にも同様に欠かせない視点だと考えています。そのため、本書は全体的に事業視点で、さらにエンドユーザーへ提供するサービス視点を念頭に置いて書かれています。

　筆者の2人が書籍の企画を議論する中で、システム障害対応の改善に欠かせないのは開発チームとユーザー企業の協同関係だ、という意見の一致がありました。立場も違い、面識もなかった2人が、たまたま出会って意見交換したところ、頭の中身をのぞいたんですか？と思うくらい、同じ意見でした。

　それなら、障害対応の課題に悩んでいる同じ業界の仲間たちとも助け合いたい、という思いが高じて、その手段の1つとしてこの本を書くことにしました。

　本の執筆に取り組むだけではなく、今よりもっと助け合える世界にするにはどうすればよいだろうか、なんてことをよく語っています。今後は、何らかのプロダクトとして世に出して、協同しやすい、助け合いやすい世界にできればいいなと思っています。

▰ 改善の旅は続く

　もちろん、本書の手法が全てではありません。

　なるべく体系化して、なるべく実践に適用できるように書いたつもりですが、皆さん全ての状況にあてはまるとは限らないと思います。

　それでも、何とかしてこの難しい障害対応の改善手法を形にして、たとえ一歩でも皆さんの現場の改善が前に進められるように、勇気を出して執筆しました。

　書籍ですので、ここでは一方通行になってしまいますが、WebコミュニティやSNSを中心に発信を続けるので、うちではこんな改善ができたよ、

こんな風にしているよ、とか、ここがうまくいかなかったが皆さんはどうやっているのか、という、文字通り協同や助け合いのコミュニケーションを実践していきたいと思っています。

　そうして、皆さんでシステム障害対応を改善していきましょう。システム障害は、ただでさえ大変なのですから、その改善については皆さんで知恵を出し合っていきましょう。

　追記　本の最後にある「おわりに」では、共著者の野村が、もっと熱いことを語ってくれると思いますので、期待していてください。

2023 年 9 月
松浦修治　@shujinext

目　次

Introduction
効率的な読み進め方

PART 1 ｜ システム障害対応の目的と改善効果

CHAPTER 1
システム障害対応の意義

CHAPTER 5
改善の肝となるサービス視点での運用設計

PART 3 ｜ 実践！システム障害対応の改善ステップ　　87

CHAPTER 6
システム障害対応の課題特定

読者特典データのご案内

本書の読者特典として、下記の資料をダウンロードしていただけます。
- 付録2　Chapter 7〜9で解説しているシステム障害対応の改善に使用できる、集計や分析の雛形シート
- 付録3　Chapter 7〜9の章末に掲載したタスクとチェックポイントのシート

詳細は223ページのURLからダウンロードして入手してください。

■注意
※読者特典データに関する権利は著者が所有しています。許可なく配布したり、Webサイトに転載することはできません。
※読者特典データの提供は、予告なく変更または終了することがあります。あらかじめご了承ください。

■免責事項
※読者特典データの記載内容は、2023年8月現在の法令に基づいています。
※読者特典データに記載されたURL等は予告なく変更される場合があります。
※読者特典データの提供にあたっては正確な記述につとめましたが、著者や出版社などのいずれも、その内容に対してなんらかの保証をするものではなく、内容やサンプルに基づくいかなる運用結果に関してもいっさいの責任を負いません。

Introduction

効率的な読み進め方

> エンジニアは、忙しい。システム障害対応に携わる方はさらに忙しい。そんな状況下で、少しでも効率的に読めるように、また最短距離で改善を実践していけるように、本書の全体構造や、各章のサマリーを紹介します。

最短距離での改善実践のために

ここでは、効率的に読んで頂くためのポイントをお伝えします。

「はじめに」で、改善とは投資だ、と申し上げましたが、すでにこの本を手にとられてから、それは始まっています。皆さんの貴重な読書時間が有意義なものとなるよう、この章を設けることにしました。

ここでお伝えしたいのは、**読者によって状況は様々なので、不要だと感じる箇所は思い切って飛ばして読んで頂きたいということ**です。最初から最後まで読み切るのが目的ではなく、システム障害対応の改善を実践するのが目的だからです。

そのためにも、本書がどのような構成になっているか、どの章が、どのような方々のために書かれているか、どのような現場を想定しているか、Introduction でご案内します。

それから、**一度だけ通読して終わりにするのではなく、続く改善の旅の友として頂けると嬉しいです**。現時点で、皆さんの現場に必要な箇所をピックアップし、改善のステップが進み、課題の所在が移ったら、該当する箇所を再度読んで頂ければと思います。もちろん、飛ばし読みではなく、最初から通読してくださる方にも、基本編から実践編へと、流れのある読み物として楽しんで頂けるようにしたつもりです。

もし皆さんが別のチームに異動したり、また転職して他の会社に移られたりしたとき、そこでシステム障害対応の改善の必要性を感じたら、「この現場はどの改善ステップからやればいいかな」と、本書を手元に置いて、立ち戻って頂けると嬉しく思います。

本書の構成

本書の各部、各章は、図表 0-2 のような流れでつながっています。

図表 0-2 本書の流れ

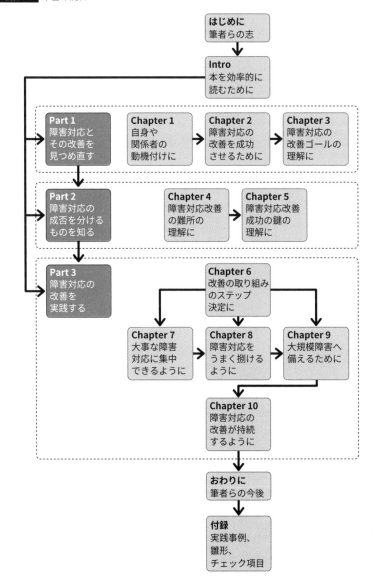

Part 1 と Part 2 の読み進め方、概要の紹介

前半の Part 1（Chapter 1 〜 3）、Part 2（Chapter 4 〜 5）では、前提となる考え方について述べています。ここでは、筆者がシステム障害対応やシステム保守運用についてどのように考えているか、記載しました。

また、前半は「読み物」調になっています。読みやすさを重視して書いたので、実践前の準備運動としてご覧ください（この後で説明する Part 3 は実践的な「解説書」調です）。

改善に対して周りからの理解が得られにくい、改善が進みづらい、現場との意識の乖離がある、という場合は、ここで章のタイトルと概要紹介を見て、気になったところからご覧ください。

若手など、経験年数が短い方々は、Part 1 から通読するのがおすすめです。

経験年数が長い方にとっては、システム障害対応やシステム保守運用の意義に関する解説は、冗長に感じられる可能性があります。興味のある箇所だけピックアップして頂くのがよいと思います。それでも、Part 2 では、システム障害対応の改善の難所や、改善の肝となることを記しているので、参考にして頂けるかもしれません。

これから、各章の概要と、読むことで得られる効能を簡単に説明していきます。

Chapter 1 では、システム障害対応の意義について、システム保守運用まで視野を広げて考え、その目的と改善効果を述べました。地味だけど大事だ、と言うのは簡単なのですが、なぜ大事なのか、改善すると何につながるのかを説明します。

ご自身や関係者の動機付けに活用ください。

Chapter 2 では、システム障害対応をプロセスで分解した上で、本書で改善対象としているスコープを説明しています。改善に取り組む前に、解決すべき課題がどこにあるのかを特定しないと、効率が下がるためです。

課題解決の基本的な流れの理解と、課題特定のきっかけにしてください。

Chapter 3 では、そもそもなぜシステム障害対応を改善するのかについて述べています。目の前に見えている目的だけではなく、その先につながる狙いを、顧客満足、従業員満足、財務の 3 つの観点から解説しています。

改善のゴールを意識することで、経営陣やミドルマネジメントの視点の理解につながり、視野が広がって改善の幅が広げられます。

　Chapter 4 では、システム障害対応の改善を図る上で、難所や阻害要因について、人間心理、IT サービス、運用設計の 3 つに分けて説明します。

　これらを意識して先手を打って対策したり、関係者とのコミュニケーションを向上したりするのに役立ててください。

　Chapter 5 では、システム障害対応の改善の肝がサービス視点での運用設計であることについて、アクション候補、判断情報、判断基準の 3 つに分けて説明します。身近な例に置き換え、電車遅延が発生したとき、我々はどんな風に行動するかの事例をもとに、サービス視点で考えるとはどういうことか、実感できるようにしました。

▰ Part 3 の読み進め方、概要の紹介

　後半の Part 3（Chapter 6 ～ 10）が実践編です。ここでは、改善のステップが時系列に並んでいます。皆さんの現場でどのような改善ニーズがあるか、Chapter 6 で確かめた後で、どこから読むか決めて頂けます。

　Chapter 7 ～ 9 は、それぞれ 4 週（1 カ月）ごとに区切られています。

　本書のタイトルにもある「3 カ月」は、これに該当します。これは、日々の業務をしながら改善する場合、おおむねこれくらいの時間がかかるだろう、という見立てで分けています。短期集中型で一気に進めるなら、これより早く進むかもしれません。

　週の順番については、一定の前後関係があります。ただし、皆さんの現場の判断によっては、前倒して実施したり、または部分的に省略しながらイテレーションを回したりする方式でも構いません。例えば、1 つのサブシステムで部分的にトライして、慣れてきたら内容を増やして展開していく、といった手法です。

　チームにおける具体的な使い方のイメージとしては、まずは管理者と担当者とで、Chapter 6 を使って課題特定をして頂きます。その上で、取り組むべき章を意識合わせした後、Chapter 7 ～ 9 のうち、必要な章を順番に実施していくことを想定しています。

　章の冒頭では、章のポイントや考え方、課題、やることの概要説明があり、それらを意識して改善を進められるようになっています。

章の最後に、それらをまとめた「タスク」「チェックポイント」の表を用意してあります。担当者は「タスク」のリストを見ながら進めていきます。次に管理者が「チェックポイント」をもとにチェックを行い、チェックが完了すれば次の章に進んでいきます。

　週1回ミーティングなどで対話をしながら進めてください。

　また、本書の特徴の1つである「協同ポイント」のコーナーでは、開発チームとユーザー企業の立場の違いを超えて、どのような点に気をつけるとよいか、協同が進む声かけ、といった点について掲載しました。

　ぜひ、皆さんの現場に引き寄せて頂き、自分だったらこうするだろうな、うちはあてはまらないけれど、こんなやり方ならうまくいきそうだな、などと置き換えながら読んで頂けると嬉しいです。

　以降、Part 3の各章の概要と、読むことで得られる効能を簡単に説明していきます。

　Chapter 6では、システム障害対応における現場の「課題」を特定し、どの章から読み進めるべきか説明します。

　ここで特定した「課題」をもって、Chapter 7〜9のどの章から読むべきかを決めてください。

　Chapter 7では、アラートや問い合わせ（インシデント）が多い現場において、それを洗い出して分類し、対処を決める方法について解説します。まずはノイズとなっているインシデントを減らし、日々の障害対応において重要なインシデントに集中できるようにする活動です。

　無駄なインシデント検出や、ルーチンとして繰り返されるだけの作業を見直し、日々の余裕を創出することができます。夜、エンジニアが安眠できるようになります。

　Chapter 8では、対処が必要なインシデントに対し、アクション、判断情報と判断基準、必要に応じた役割や権限を決め、効率化まで取り組みます。

　"出たとこ勝負"の障害対応を、あらかじめ組み上げた障害対応スキームに乗せられるようになります。

　Chapter 9では、数人では対処できないような大規模なシステム障害対応に向けた体制、コミュニケーション、その訓練と振り返りに取り組みます。

有事に直面してから右往左往しないように、事前に備えておくことができます。

　Chapter 10では、取り組んだ内容を継続改善するための役割の最適化と、組織文化の醸成について説明します。

　この書籍にも限界があります。いずれこの書籍が不要になるように（その場合は記念としてお取り置きください）、皆さんの組織が持続的に障害対応の改善活動に取り組めるようにします。

付録の使い方

▶ 実践事例

　巻末付録の1つ目は、実践事例です。実際に改善に成功した会社の実践事例から、自社に応用できるところを探すこともできます。

　ただし、実践事例の中で課題とされていた内容が、皆さんの現場と異なる場合もあります。そのため、何が課題になっていたかを記載しました。それに沿って、どう解決したか、何を工夫したかを紹介しています。また、改善を行った担当者の声を掲載しました。

　主にChapter 7の、多いアラートを減らす事例を中心に掲載しました。ここは短期的に成果が出やすいので、ぜひ参考にして頂き、取り組んでもらえたらと思っています。また、Chapter 8で述べるアクション最適化の事例も載せてあります。Chapter 9の訓練事例は残念ながら掲載できなかったのですが、訓練事例を紹介している文献を巻末の参考文献で紹介しています。

▶ 便利な雛形

　巻末付録の2つ目は、便利な雛形です。Part 3の改善ステップにおいては、様々なアウトプットを作成することになります。その際、現場ですぐ利用できる便利な雛形を用意しました（ダウンロードも可能なので、詳しくは19ページをご覧ください）。

■ タスク＆チェックポイント

　巻末付録の3つ目は、Part 3の章末に掲載したタスク＆チェックポイントです。こちらもファイルをダウンロードできるようにしました。エクセルファイルになっていますので、コピー＆ペーストして、タスク一覧として活用することができます。

改善にあたって認識を揃えておきたいこと

　Introductionの最後に、本書で使う用語や、前提についてお伝えします。前提を揃えることで、改善の効率が上がるからです。

　システム障害対応に関わる方には様々な立場の人がいて、また多様な経験に基づく認識を持っています。それによって前提がずれやすくなり、そのまま進めると改善の効率が下がってしまいます。

　改善に限らず、普段の仕事でも、次のようなことはないでしょうか。

- ● 相手と言葉の定義が異なっていることにお互いに気づかず、会話が噛み合わなかった
- ● 目的が曖昧なまま進めていて、関係者間で認識がずれてしまった

　システム障害対応は多くの関係者を巻き込むので、なおさら**言葉の定義をはじめとする、「隠れた前提」を明らかにする**必要があります。

　言葉だけでなく、システム障害対応は何のためにやるのか、改善するのは何のためなのか、といった前提も重要です（これらはPart 1で述べてあります）。

　チーム内であれば、ある程度前提は揃っているので問題ないかもしれませんが、チーム外や、場合によっては社外のパートナーと改善に取り組む際は、「前提が揃っていないことが前提」としたほうがよいと思います。

　揃えるべきは、まずは言葉です。Introductionでは、本書で使う言葉について皆さんと認識を合わせていきたいと思います。

　例えば、障害という言葉です。「あらかじめ合意した仕様通りに、ITサービスが動かないこと」として、いわゆるバグとして使用する方もいれば、「仕

様は関係なくビジネスの運営を妨げるもの全て」と捉える方もいます。

インシデントという言葉も、「IT サービスの停止や品質低下を起こす出来事」と考えている方もいれば、「事故（アクシデント）には至らないヒヤリハット」という定義の方もいます。後者は、医療業界での定義だそうです。

言葉の定義と用法は、業界、会社やチームによって少しずつ異なるので、どれが正しいということはありません。実際、筆者が SNS で、障害とインシデントの言葉の使い分けについて質問してみたところ、バリエーション豊富で驚きました。ある方と、また別の方との間で、きれいに逆の意味で使っているケースもありました。

何かを改善していく上では、言葉の定義や前提がずれると会話が噛み合わないばかりか、むしろ誤解や不信につながるケースもあります。だからこそ、前提揃えが重要であると考えます。

本書におけるシステム障害対応のプロセス

「はじめに」でも本書が取り扱う改善スコープを説明しましたが、ここでは、もう少し丁寧にお伝えします。

「はじめに」にも一部掲載した図表 0-3 は、筆者の 1 人である野村が、約 1000 件のシステム障害対応の経緯、なぜなぜ分析、報告や謝罪文書、そして IT サービスマネージャへのヒアリングをもとに、システム障害対応時に行われるプロセスをまとめた図です。

いかがでしょうか。

よく見るプロセスや言葉遣いとは異なるかもしれません。業界や会社によっては厳密に定義されていて、これとは多少異なるかもしれません。しかし、おおむねこのようになっているはずです。

なお、「家に帰るまでが遠足です」のように、障害対応と呼ばれるスコープの捉え方にこだわる必要はないと思います。それよりも、会話しやすいように、また課題特定しやすいように、障害対応とその前後を広く捉えて、どこのことを言っているのかの認識合わせに主眼を置けばよいと考えています。

図表 0-3 システム障害対応プロセス（詳細）

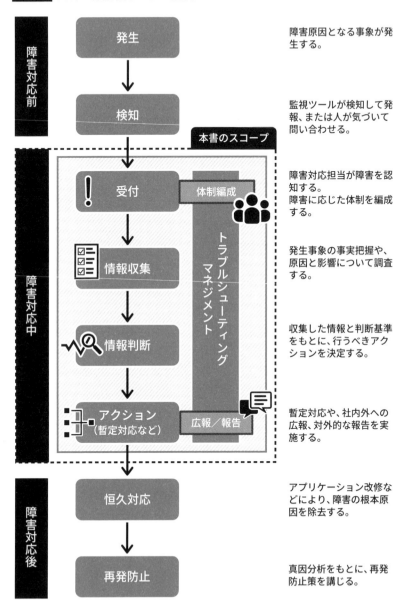

障害対応前

発生
障害原因となる事象が発生する。

検知
監視ツールが検知して発報、または人が気づいて問い合わせる。

本書のスコープ

障害対応中

受付
体制編成
障害対応担当が障害を認知する。
障害に応じた体制を編成する。

情報収集
発生事象の事実把握や、原因と影響について調査する。

情報判断
収集した情報と判断基準をもとに、行うべきアクションを決定する。

アクション（暫定対応など）
広報／報告
暫定対応や、社内外への広報、対外的な報告を実施する。

トラブルシューティングマネジメント

障害対応後

恒久対応
アプリケーション改修などにより、障害の根本原因を除去する。

再発防止
真因分析をもとに、再発防止策を講じる。

本書で使う言葉

　本書を手にとって頂いている皆さんの中には、ユーザー企業の方、その中で内製開発をされる方、SIer に属する方、様々な立場の方がいるでしょう。そのため、言葉遣いはなるべく中立になるように心がけて執筆しました。それゆえに、言葉選びが独特になっているかもしれません。

　例えば、開発を SIer にアウトソースしている場合も、内製で開発している場合も、それら両方を示す言葉として「開発チーム」を採用しました。本来は、IT 組織形態によって立場も役割も異なりますが、それは皆さんの所属に合わせて読み替えて頂ければと思います。

　もう 1 つの例として、「障害」という用語は、現場によっては、請負契約時の契約不適合責任（瑕疵担保責任）の有無の区別を表す場合があります。このとき、そのような事情を無視して改善を進めたり、一方的に他チームの用語を否定したり、用法で争ったりしても、改善どころではなくなってしまいます。

　重要なのは、言葉の定義で争うのではなく、その言葉がどのような意味合い、概念で使われているか、それはなぜか、立場の異なる相手の事情を理解することです。

　このように、言葉遣いは現場や立場によって様々なので、本書ではどのように使っているのか、図表 0-4 にまとめました。

　執筆時、インターネットの記事や、知り合いの方々からフィードバックをもらいつつ、なるべく広く使われていそうな用法に揃えてみました。しかし、「これこれの標準規格にはこう定められてますよ」というご指摘を頂く可能性もあります。不勉強で申し訳ありません。一旦は、この本の筆者は普段このような意味合いで使っているんだな、と認識頂けると助かります。

　それではいよいよ、本編に入っていきたいと思います。

図表 0-4 用語の定義

用語	定義
システム障害	システム（IT サービス）の何らかの異常を起因として、関係するビジネスやエンドユーザーへ影響が出ること。 障害（fault：状態的）と故障（failure：イベント的）を厳密に区別するケースもあるが、本書では現場の実態に合わせ、システム障害が起きている「状態」に対して復旧に取り組む意味合いを重視し、障害に統一した。
インシデント	サービスの中断またはサービス品質の低下を引き起こす、あるいは引き起こす場合がある、サービスの標準オペレーションに含まれていないあらゆるイベント（Wikipedia より ITIL 定義）。
保守運用	開発を終えて、保守（システム維持のためのメンテナンス活動）、運用（システムを使うための活動）をすること。本書ではそれぞれ単体で用いることもある。
ユーザー企業	システムまたはプロダクトを使って（オーナーとして）事業を運営する企業を指す。「事業会社」と表現する方もいる。
SIer	ユーザー企業から開発をアウトソースされる企業を指す。
開発チーム	ユーザー企業の内製開発組織、または SIer に属するエンジニアやディレクターなどを広く含む。情報システム部も内包する。本書では、「ユーザー企業」と「開発チーム」の 2 者に単純化して表現している。
アラート	システムの異常を知らせるためにメールや自動電話などで届く情報。類語として「アラーム」があり、語義の違いを意識して区別する場合もあるが、アラートに統一した。
アクション	障害対応において、調査、広報、暫定対応、などの復旧へ向けた活動。
暫定対応	障害影響を抑え込むための止血や、完全復旧に至らないまでも、サービス継続のために部分的に復旧させることを目指す活動。
恒久対応	障害の原因が取り除かれるか、平常運転と合意された状態まで復旧させる活動。本書では、ここに復旧後の真因特定や再発防止は含まない。根本対応と呼ぶ会社もある。
課題	あるべき姿とのギャップのこと。一般的な用法にならって使用しているが、「ギャップのある状態」「ギャップを埋める活動」の 2 パターンは混在して使用している。前者を「問題」と呼称する向きもあるが、本書では「問題」という言葉に特に意味を込めて使用していない。

PART 1

システム障害対応の
目的と改善効果

システム障害対応とその改善を見つめ直します。実践前の準備運動として、各論に入る前にそもそもの総論に立ち返ります。経験年数が短い方や、改めて今の仕事の意義を再確認したい方へ。

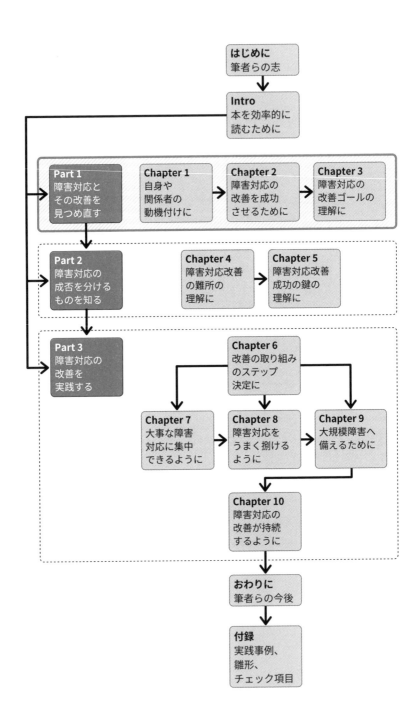

1 システム障害対応の意義

システム障害対応の意義として、目的や位置付けを前提の前提に戻って確認します。また、システム障害対応の改善は一体何につながっているのか。改善に着手するにあたり、自身や関係者の動機付けにどうぞ。

システム障害対応の目的と、その位置付け

Introductionでも定義しましたが、本書のテーマであるシステム障害について、本書は広く捉えています。再掲すると「システム（ITサービス）の何らかの異常を起因として、関係するビジネスやエンドユーザーへ影響が出ること」です。

まずは、システム障害対応の目的について述べたいと思います。システム障害対応それ自体は、障害の原因を取り除こうとする活動ではありますが、それは何のためにやっているのかといえば、**システム障害の影響の総量を最小化し、ITサービスがもたらす価値（投資効果）を維持するためである**、と考えます。

システム投資は何らかの価値を生み出すために行われます。せっかく苦労して作ったシステムも、障害対応を含め、保守運用が適切に行われなければ、トータルの投資対効果が下がります。裏を返せば、適切に障害対応を行うことは、価値の総量の最大化につながると筆者は考えています。

なぜそのように考えているのか説明するため、システム障害の位置付けについて詳しく見ていきます。

システム保守運用が担っていること

システム障害対応は、ITサービスのライフサイクルの中では保守運用工程に属します。つまり、ITサービスの提供価値（投資効果）を維持する工程です。保守運用と並行して、継続的な開発が行われることも多いですね。

保守運用は IT 業界に限らず使用される言葉なので、意味を取り違える
リスクは高くないと思うのですが、本書では、システム障害対応が属する
保守運用の目的を図表 1-1 のように捉えています。

図表 1-1 各フェーズの目的と関心ごと

工程	目的	関心ごと
企画構想	何を作ると成果が出るか見つけること。	アウトカムの最大化
開発	どう作ると実現できるか設計して実際に作ること。	アウトプットの作り方
保守運用	生み出した成果を得続けること。	アウトカムの維持

　表の中でアウトプットと言っているのは、開発によって生み出す IT サー
ビスのことです。その IT サービスがもたらす成果をアウトカムと表現し
ました。語感が似ていて、普段使わない言葉かもしれませんが、IT サー
ビスをアウトプットすることが最終目的と考えると視野が狭くなるので、
区別して表現しています。

　先ほど、意味を取り違えるリスクはないだろう、と書きましたが、もう
少し詳しく、本書における保守運用の認識を明確にしておきます。

　それは、**保守運用は投資効果を得るためのフェーズでもある**、というこ
とです。

　文字をよく見ると、保ち守る、という漢字で構成されています。一体
何を保ち、守っているのでしょうか。それは IT サービス（アウトプット）
が生み出す成果（アウトカム）です。

　着眼点のよいアイデアに基づいて企画構想しても、開発工程の作り方が
まずければ想定した IT サービス（アウトプット）ができませんし、作りっ
ぱなしで保守運用が不適切であれば成果（アウトカム）を毀損します。

　また、企画構想や開発は、短くて数週間や数カ月、長くて数年ですが、作っ
た後の保守運用は、さらに年単位で長く続きます。多くの場合は 10 年以
上にもなるでしょう。そう考えると、期間のスケールの違いがわかります。

価値の総量で見るとどうなるか

　ここで、リクルートが公開している、エンジニアコース新人研修資料の
「事業価値とエンジニアリング・リソース効率性とフロー効率性」で言及

されている、図表 1-2 を紹介します。

図表1-2 価値の総量最大化

①価値が生まれるまでの時間を短くする。　②生まれる価値を上げる（開発）。
③障害等で価値を生めなくなっている部分の最小化。　④将来発生する③の防止（安定稼働）。

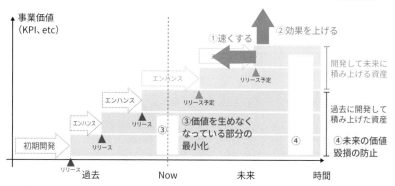

出典：「株式会社リクルート　エンジニアコース新人研修の内容を公開します！（2021年度版）」より「事業価値とエンジニアリング・リソース効率性とフロー効率性」
https://blog.recruit.co.jp/rtc/2021/08/20/recruit-bootcamp-2021/
https://speakerdeck.com/recruitengineers/business-value-and-engineering

　この図では、③でシステム障害対応によって価値を守り、④でシステム安定稼働によって価値を守る、とされています。保守運用とは、不具合を直すことや障害対応をすることが目的ではなく、IT サービスが生み出す価値を毀損させず維持することが目的と言えます。

　こう考えれば、企画構想や開発の工程だけが価値の増加に関与しているわけではないことがわかります。

　価値は、増えた量と減った量を合計して決まるものだとしたら、皆さんのシステム障害対応をはじめとする日々の保守業務によって価値の毀損を防げたのであれば、適切な保守を行わなかった場合に比べ、将来価値の総量を増やしたと言ってよいわけです。

　ただし、障害を発生させることがけしからんのであって、保守をうまくやったからといって価値を「増やした」とは言えない、と感じる方もいらっしゃると思います。あまり言葉尻に囚われるとよくないかもしれませんが、言い換えると、価値の総量を最大化する活動に関わっている、と言えるのではないでしょうか。

保守は投資効果の維持に貢献している

やや極端ですが、図表 1-3 のようなケースで考えると貢献度が見えてきます。保守に対して適切に投資した場合のシミュレーションをしてみました。

図表 1-3 保守の貢献

ケース１：保守なし。障害損失が拡大している状態。

出来事	投資	効果	損失	キャッシュフロー
新規開発	-100	200	-	100
追加開発	-300	600	-	300
保守	-	-	-	0
システム障害	-	-	-80	-80
合計	-400	800	-80	320

ネット効果損失	ROI
720	1.80

ケース２：保守で障害損失が低減するがキャッシュフローは変わらず ROI も悪化。

出来事	投資	効果	損失	キャッシュフロー
新規開発	-100	200	-	100
追加開発	-300	600	-	300
保守	-40	-	-	-40
システム障害	-	-	-40	-40
合計	-440	800	-40	320

ネット効果損失	ROI
760	1.73

ケース３：障害損失がさらに低減。ROI がケース１と同レベルまで改善。

出来事	投資	効果	損失	キャッシュフロー
新規開発	-100	200	-	100
追加開発	-300	600	-	300
保守	-40	-	-	-40
システム障害	-	-	-8	-8
合計	-440	800	-8	352

ネット効果損失	ROI
792	1.80

ケース４：障害損失を回避。ROI がケース１を上回る。

出来事	投資	効果	損失	キャッシュフロー
新規開発	-100	200	-	100
追加開発	-300	600	-	300
保守	-40	-	-	-40
システム障害	-	-	0	0
合計	-440	800	0	360

ネット効果損失	ROI
800	1.82

　ケース 1 に対して、ケース 2 は収支が同等、ケース 3 は収支が上回り ROI（Return On Investment：投資対効果）が同等、ケース 4 は収支も ROI も上回るパターンです。

　もちろん、保守に費やされた金額や、システム障害の損失額が定量的に表現できるとは限りませんし、この通りの数字になるわけではありません。言いたいのは、保守は投資効果（アウトカム）の毀損を防ぐという点において投資と同列ということです。

　ただし、一般的な認知や、会計の世界では、保守に費やす金額はソフトウェア資産になるものではなく、現状維持にかかる費用です。会計的には、直接的に増収や費用減を会社にもたらすことが確実かどうかなので、それは正しいです。しかし、ケース 2 〜 4 で投じた「40 万円の保守費用」が「効果 0 円」だからといって、価値を生んでいないわけではありません。

　ケース 2 の例では、障害による損失をケース 1 に比べ半分に抑えていますが、場合によっては、ケース 3、4 のように損失を限りなく 0 まで減らせていけることもあるでしょう。起きなかったことを証明するのは大変難しいのですが、皆さんも経験則として知っているように、保守が不適切だと、結局、高くつくことが多いものです。

　以上のことから、システム障害対応の目的は次の通りとなります。

> **システム障害対応の目的は？**　システム障害の影響の総量を最小化し、IT サービスがもたらす価値（投資効果）を維持すること。

■ サッカーで例えると

　これを受けて、システム障害対応が属する保守運用工程の理解をさらに深めるとともに、この仕事の意義を関係者に訴えるための例えを紹介します。

　筆者の 1 人である松浦が属するリクルートでは、IT サービスマネジメントの役割は、プロダクトデザイン部門や開発のディレクション部門と同列に扱われます。松浦の上司は、図表 1-4 の通り、サッカーのフォーメーションに例えて説明しており、言い得て妙だなと思います。

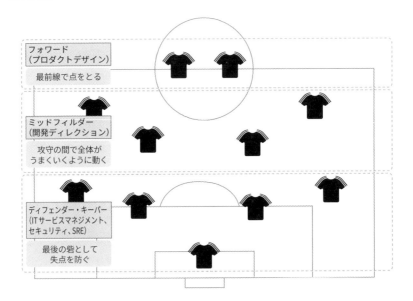

　3点とっても4点失えば、試合には負けます。

　広いフィールドの上で、試合に勝つという共通の目的を持った同じメンバーであり、ITサービスマネジメント（システム障害対応などの保守運用）の役割を持つプレイヤーも、その中の1人です。

　野球好きな方のために言い換えるなら、攻めのバッターと、守りのピッチャーおよびキャッチャーです。我々は後者の、防御率で試合に勝つ役割です。

　「縁の下の力持ち」などと言われ飽きている皆さん、自信を持ってください。我々は、価値総量の増加に携わっています。

システム障害対応の改善は、何につながるのか

組織の持続性にも貢献している

　このような改善活動は、会社の成長にも貢献しています。もちろん、直

接的な効果ではありませんが、間接的には大いに影響すると言ってよいでしょう。ここでは、その改善がもたらす先にあるものについて述べたいと思います。

　改善がもたらす先にあるものとは、何よりも IT サービスを利用しているお客様（エンドユーザー）でしょう。そして、その IT サービスを運営する従業員の存在もあります。これらは最終的には財務効果にもつながります。詳しくは Chapter 3 で解説します。

　システム障害は直接的に IT サービスに影響が出ることが多いです。また、それによってサービスが停止すると、エンドユーザーに多大な迷惑をかけることもあります。結果として売上やエンドユーザーが減れば、アウトカムを毀損します。となれば、システム障害対応の改善は、比較的、改善への投資効果が出やすいと言えます。

　また、改善によってシステム障害対応に関わるメンバーの業務時間に余裕が生まれ、日夜発生するアラートが減少するなら、健康面にも好影響があります。ある現場では、アラート数を減らすための棚卸しを行い、アラート管理のプロダクトを導入して実際に 9 割減を実現したところ、アラートが減って作業が効率化したのはもちろんですが、「何より寝られるようになりました」という声を聞いたことがあります。これは、働き方の改善になりますし、組織の持続性にも貢献できている、と言えます。

　システム障害対応以外にも、システム保守運用の活動としては、事業環境やビジネスの変化に合わせて IT サービスを変更したり、経年によるインシデントを未然に防ぐためにミドルウェアのバージョンアップをしたり、インフラを増強したり、持続性を保つための活動として様々なものがあります。これらを怠ると、最終的にサービス価値が下がります。

障害対応の改善で IT サービスの価値創出へつなげる

　補足しておきたいのは、だからシステム障害対応などの保守運用に使う金額の割合を増やし続けるべきだ、というわけではない点です。

　ここで、JUAS（日本情報システム・ユーザー協会）の「企業 IT 動向調査」を紹介します。調査項目の 1 つに IT 予算・投資マネジメントがあります。様々な切り口で調査されていますが、注目したのは、「ランザビジネス予算を『現行ビジネスの維持・運営』、バリューアップ予算を『ビジネスの

新しい施策展開』と定義」した上で、追跡調査している箇所です。

　これによると、バリューアップ予算の割合は大きくはないことがわかります。2022年度の調査では、「ランザビジネス予算が90%以上を占める企業の比率はおおむね3社に1社の割合になっている」と述べられています。

図表 1-5　企業の IT 予算配分

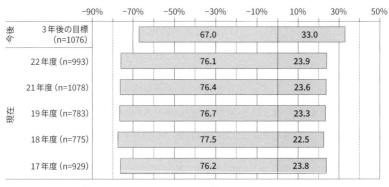

出典：JUAS「企業 IT 動向調査報告書 2023」より、図表 2-1-17 年度別 IT 予算配分（平均割合）
https://juas.or.jp/cms/media/2023/04/JUAS_IT2023.pdf

図表 1-6　企業のランザビジネス予算の割合

出典：JUAS「企業 IT 動向調査報告書 2022」より、図表 1-1-21「現行ビジネスの維持・運営（ランザビジネス）」予算の割合・現状
https://juas.or.jp/cms/media/2022/04/JUAS_IT2022.pdf

　マーケットの成長と同じ程度に企業も成長しないと衰退していくので、今後、バリューアップに使える予算を増やすことが求められていると考え

られます。バリューアップ予算の割合を増やすには、

● 単純にバリューアップ予算の額を増加させる
● 全予算の総額は一定に保ちつつ、企業努力によりバリューアップ予算
　の割合を増やす

の2つが考えられます。

　システム障害対応の改善で余剰が生まれ、バリューアップ予算の割合を
増やせるならば、ITサービスの改善や提供価値の強化につながる余剰を
創り出せます。つまり会社の成長にも貢献できる活動だと言えるでしょ
う。

　当然ながら、システム障害対応を改善したところで、必ずしもバリュー
アップ予算割合の増加につながるわけではなく、生まれる余剰も大きくは
ないかもしれません。さらには、企業の成長に結びつけられるかどうかは、
創出した余剰で何をやるか次第でしかありません。しかし、非効率な障害
対応で日々忙殺されていると、バリューアップどころではなくなります。
また、何もないところから余剰を創出できるならば、間接的であっても企
業の成長に貢献していると言えるはずです。

2 システム障害対応改善の始め方

一般的な課題解決手法に基づき、システム障害対応の流れを見ていきます。改善目的を定め、システム障害対応のプロセスのどこに課題があるか特定し、どう打ち手を選んでいくか、という順番で考えます。

改善を考えるときの順番

Chapter 1 では、システム障害対応の目的を「システム障害の影響の総量を最小化し、IT サービスがもたらす価値（投資効果）を維持すること」と整理しました。

前提が揃ったら、次に必要なのは、何を改善するのか、それはどこに課題があるのか、どう解決していくのか、です。

本章では、**What ／ Where ／ How の順番で考えるようにしよう**、という話をしたいと思います。特に Where はシステム障害対応に特有の要素があるので、紙面を多めに割いています。それ以外は、クリティカルシンキングのような一般的な課題解決手法の軽い紹介にとどめます。

図表 2-1 改善の進め方

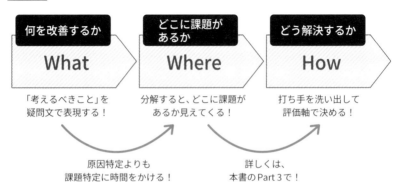

何を改善するか（What）

さて、皆さんの担当されているITサービスでは、どのように障害対応に取り組んでいるでしょうか？　またどのように改善しようとされていますか？

経営陣、または上司やリーダーから、「システム障害対応を改善してほしい」と指示されたら、何から手をつけますか？　また、皆さんが上司やリーダーであれば、どのようにメンバーに指示しますか？

やみくもに手を打っても、直感頼りで時間がかかったり、効果が出にくかったりします。何かはよくなっても、本当に解決したかったことは改善されずに終わることも多いです。そうならないためにも、システム障害対応の改善に着手する前に、**「何を改善するのか（What）」**をしっかり決めて、関係者と認識を合わせることが重要です。

何を改善するのか。まずは、システム障害対応の目的を満たせていないなら、その阻害要因を解決するべきですが、その他にも、チーム方針として決めたことや、組織課題や、経営陣や上司からのテーマ設定もあると思います。例えば、障害影響を最小化したい、属人化を緩和して複数メンバーで対応できるようにしたい、無駄な工数を削減したい、などです。

ここでのポイントは、**チームとして「考えるべきこと」って何だろうか、何を関心ごととして取り組もうとしているのだろうか、という問いに答えられること**です。クリティカルシンキングでは、イシューと呼ばれるものです。これは、何を考え論じるべきなのか、という意味合いです。

改善において「考えるべきこと」は何か

何を改善するのかは、皆さんの現場で関心ごとになっていることです。「考えるべきこと」は何なのかがはっきりしている必要があります。

システム障害対応の改善を行うにあたって、担当されているサービスにおいて、「考えるべきこと」は何かを定めると、優先順位がつけやすくなります。私たちは何を大切にしないといけないか、とか、取り組むべきテーマは何か、のような問いに答える表現でもいいと思います。注意すべきは、「考えやすいこと」にしてしまわないことや、目の前の事象に飛びつかないことです。

このとき、2つのコツがあります。

1点目としては、**「考えるべきこと」は疑問文で表現すること**です。機械的に「どうすればXXにできるのか」という問いに変換するだけでも、思考が回り始めます。

例えば、「アラートが多いこと」「属人化が進んでいること」、という表現は、ただの事実です。疑問文にしようとしたら、自然と、「あれ、何を考えなければいけないんだっけ」という思考が始まります。

これを、「どうすればアラートを減らせるのか」「どうすれば属人化を緩和できるのか」に書き換えると、さらに思考が活性化します。2点目のコツにも通じますが、このように疑問文にすれば、「いや、アラートの量を減らすことではなく、どう捌き方を効率化するかを考えたほうがいいのではないか」「属人化というよりも、対応方針を統一するほうが先ではないか」のように、議論もしやすくなります。つまり、「それ解決して何が嬉しいんだっけ」と、本質的な意見も出やすくなります。

2点目は、**原因特定よりも課題特定に時間をかけること**です。システム障害対応をやっていると、つい逆になりがちなので丁寧に説明します。

障害対応のプロセスと同じ感覚で、何かがうまくいっていないときは原因や真因の特定に走りたくなるのですが、その前に、何の改善をするべきなのかを大事にして、その課題特定に注力してください。もちろん、原因がわかるに越したことはありませんが、そこに多大な時間をかけて詳細が判明しても、改善に至るとは限りません。

成果の出るポイントはどこにあるか、それを解決するにはどこに課題があって、中でも成果の出やすいレバレッジポイントはどこで、どうすれば解決できるか、といった点に時間をかけたほうが、成果にたどり着きやすくなります。結果に大きく影響を及ぼすレバレッジポイントを探すのを「原因特定」と言うならよいのですが、その原因のメカニズムの深掘りが結果に好影響を及ぼせるのかどうか、という点を重視してください。

その理由は、何かよくないことが起きている場合、その結果をもたらしている原因は様々あるからです。目の前の事象と原因解明に飛びついて潰していくよりは、結果を変えられるアイデアに視野を広げていきやすくなります。

例えば、アラートが多くて業務の妨げになっている、という「課題らし

きこと」がわかったとします。このとき、業務の妨げになっているのは、アラートの多さだ、という因果関係を見つけて、すぐ原因特定に走ったとします。なぜアラートが多いのか原因を調べよう、アプリケーションの作りがまずいようだ、それはコーディングルールがないからだ、品質に関する認識が甘いからだ、その真因は体制や組織文化にあるようだ……などと、原因特定が進んでいくように感じます。「安心してください、真因まで見てますよ」と思ってしまいます。

しかしこのとき考えるべきことは「業務の妨げになっている」という結果をどうすればよいか、です。だとすれば、アラートの発生源を何とかするだけではなく、アラートのレベルや閾値を変えたり、事情によりそれさえもできないのであれば、アラートを管理するツールを導入して、アラートの数は変わらないけれど、一定期間のアラートのうち同じものをまとめたり（名寄せのような集約統合）、対象外にしたりする方法を思いつくことができます。

どこに課題があるのか（Where）

「何を改善するのか」が認識できたら、次に考えるのは、「**どこに課題があるのか**（Where）」です。そのためには、**「分解」というテクニック**が使えます。分解して取り組むと課題特定しやすくなり効果も出やすいからです。

本書では、システム障害対応をプロセス分解していきます。

改善の実践書なのに、なかなか実践に入っていかないな、早くHowを教えてほしいな、と思われたでしょうか。読み飛ばしてしまう前に、「では、あなたが担当するサービスのシステム障害対応で、課題になっていることは何ですか」「なぜその解決手段を選んだのですか」と聞かれて、答えに窮するようでしたら、引き続き読み進めて頂ければと思います。

その理由は、改善は課題特定が前提であり、また、その解決策とセットで効果が出るのであり、また、再現性が伴うことで効果が高まるからです。いろんな改善を場当たり的にやっていたら何となく改善できた、という状態では、毎回同じようなことをしなければならなくなり、時間もかかります。過去の成功体験を繰り返しても、状況や課題が異なると成果が出にくくなります。

ですので、「こうやればうまくいった」という単発事象のストックを、「こういう課題に対して、こうやればうまくいった、なぜなら、こうだからだ」というパターン認識のストックに変えていければ、別のサービスや、別のチームでも改善の再現性が高まり、効果が倍々に増えていきます。

　改善を進めるための前提である課題特定がしやすくなるように、また、改善が成功したとき、そのストックが溜めやすくなるように、この章を読んで頂ければと思います。

◤▶ Where を誤ると……

　システム障害対応の改善に取り組むにあたり、何から着手するか決める際、注意すべきことがあります。

　いくら障害対応が改善できても、それを上回ってバグなどの不具合が頻発しているようだと、改善効果が相殺されてしまいます。そのようなケースでは、実は改善すべきは障害対応ではなく、開発品質ということになります。また、同じような障害が再発するのであれば、真因分析と再発防止策に課題があるかもしれません。

　システム障害対応プロセスの中で課題を特定できたとしても、さらに引いた目で多面的に見たとき、実はシステム障害対応の外側に大きな課題が潜んでいるのであれば、手をつけるべきはそこからです。

　なお、本書のメインスコープは障害対応の実施、つまり検知以降から調査、アクションによる収束までとなりますので、その点はご了承ください。

　例えば、障害発生から広報するまで時間がかかってしまうのを何とかしたい、それによる被害拡大を防ぎたい、という場合は、

- ロギングからアラート発報までの遅延はないか
- アラートが保守担当に通知されるまでの遅延はないか
- 保守担当がアラートに気づきにくい UX になっていないか
- 保守体制が手薄なのではないか（いつ、どこが手薄か）
- 重要なアラートが埋もれて、探すまでに時間がかかっていないか
- 調査のためのサーバーログインに手間どっているのではないか
- 原因調査を細かくしすぎているのではないか
- 広報に必要な手段が整っていないのではないか

といった形で分解し、どこで時間を要しているのかを見ていくことになります。

　そもそもサービス時間の SLA（Service Level Agreement：サービスレベルの合意）や、SLO（Service Level Objective：サービスレベルの目標）が合致していなかった、といった場合のように Where を誤ると、実は、課題は契約や目標にある、なんてこともあるかもしれません。多面的に見るように留意する必要があります。

▐▌ 課題らしきことの例

　これから、システム障害のプロセスおよびリソースごとに課題の例を紹介するので、参考にして頂ければと思います。ただ、あくまでも例であり、皆さんの現場で同じことが起きていたとしても、必ずしも課題だと言えるわけではありません。それがなぜ課題になるのかが重要です。前述の「考えるべきこと」に照らし合わせ、その課題がどこに存在しているのか、という観点で選り分けていくための手がかりです。

　おそらく、これらの他にも、課題の例は挙げればたくさん出てくると思います。しかし、起きていること、困っていること、課題らしきことを挙げるだけでは、事実把握にこそなりますが、何を改善するべきか定まりません。

　分けて考える理由は、決めた改善目的に対して、どこに課題があるのかを発見しやすくするためです。

　このように分解して考えると、それぞれの箇所でこんなことが起きているのではないか、と思いつきやすくなり、仮説も立てやすくなります。

　まずは、これまで述べたような障害対応のプロセスで分解した場合です。

図表 2-2 プロセスごとの「課題らしきこと」の例

フェーズ	プロセス	例
障害対応前	発生	設計製造の品質の作り込みが甘い。
		テストで事前に不具合を見つけきれていない。
		アーキテクチャーに問題があり障害が起きやすい。
		外部システムとの連携が多く密結合になっている。
		必要な定期保守作業を失念している（例：半年ごとの再起動が必要だがそれを失念している）。
		インフラキャパシティが限界に近い。
		EOSL を放置している。
		季節性イベントに適切な予防対応を実施できていない。
		需要管理ができていない（例：利用者数の増加）。
	検知	アラートを発報しきれていない。
		アラートが多すぎて重要なアラートが埋もれる。
		誤発報が多い。
障害対応中	受付	人の連絡に依存している。
		気づくまでの時間が長い。
		気づくきっかけが少ない（気にしている人が少ない）。
		障害対応担当のサービス時間の取り決めができていない。
		障害の重大度レベルごとの対応方針がなく、全てを同等に扱っている。
	情報収集	ビジネスへの影響を特定できない（業務理解や共通言語がない）。
		外部システムの影響認識が漏れる。
		有識者がいないとシステム影響を出しきれない。
		横展開調査ができていない。
		有識者がいないと原因を出しきれない。
	アクション（暫定対応など）	暫定対応のアクションを決める役割が定まっていない。
		過去の類似事象のノウハウが再利用されない。
		関係者の巻き込みが足りない、関係者を認識できていない。
		関係者への情報提供に時間がかかる。
		業務影響とのバランスを欠いている（トレードオフの失敗）。
		二次災害を出してしまう。

フェーズ	プロセス	例
障害対応後	恒久対応	恒久対応まで継続的な対処が必要なのに忘れてしまう。
		リードタイムがかかり影響が広がる。
		コスパの悪い恒久対応をしている（例：要求が高すぎる）。
		暫定対応が常態化し、恒久対応が放置される。
	再発防止	表面的な原因をもとに再発防止策を考えている。
		変えにくい要素を真因と見なしてしまい、再発防止につながらない。
		意識やスタンスだけの問題にしてしまう。
		そもそも真因分析ができていない。
		構造的に捉えられておらず、単発の打ち手になり効率が下がる。
		実効性や現実性が伴わない。
		実行まで時間がかかる。
		実行されない（失念や管理不足）。
		人の入れ替わりで形骸化してしまう。
		内部共有と対外説明のバランスが悪い（例：内部共有しかせず対外組織と関係が悪化してしまう）。

　さらに障害対応プロセスを取り巻く外部環境（主にリソース）まで視野を広げると、図表 2-3 のような観点でも分解できます。

図表 2-3 リソースごとの「課題らしきこと」の例

リソース	例
ヒト系	組織間の連携不足。
	メンバーのスキル不足。
	関係性構築ができていない。
モノ系	障害対応に使う仕組みが整っていない（例：アラート管理ツール、コミュニケーションツール）。
	システムの品質が低くて障害が多い。
	システム連携が複雑で障害が発生しやすい。
カネ系	予算不足で、結果的に損失が広がっている。
	予算過剰で、必要以上の工数をかけている。
情報系	情報伝達の手段が整っていない。
	情報が蓄積できていない。

どう解決するか（How）

　課題が特定できたら、やっと、**「どう解決するか（How）」**の検討に入っていくことができます。ここでは考え方の紹介にとどめ、詳細は Part 3 の実践編に譲りたいと思います。

　先ほどの「障害の広報が遅れて影響が大きくなってしまう」という例で説明します。

　このとき、広報までのリードタイムが長くなってしまう原因として、障害の調査まではボトルネックはなかったが、広報手段が整っておらず、広報準備に大半の時間をかけていた、と課題が特定されたとします。また、影響調査や代替手段の策定には問題がなかったとします。前述した、Where に誤りはなかった、ということですね。

　こうして What と Where が整理できたら、**課題を解決するための打ち手を洗い出した上で、評価軸を設定すると How が決めやすくなります。**

　図表 2-4 で、打ち手の評価例を紹介します。評価軸の１つである「効果」とは、課題解決への効果のことです。この事例では、障害の調査から広報実施までの時間をどれだけ短縮できるかを指します。「コスト」とは、外部への支払いだけでなく手間や社内工数も含みます。「スピード」は実現までの納期です。

図表 2-4　打ち手の評価例「調査後、広報までの時間を短縮するには」

#	打ち手	効果	コスト	スピード	実現性
1	アラート管理システムを導入して自動化する。	◎	×	×	△
2	広報の雛形と広報先を決めておく。	○	○	△	○
3	広報するメンバーをアサインする。	△	△	×	△
4	企画や業務担当にもアラートを通知する。	△	○	○	×
5	障害連絡先に企画や業務担当を入れて、能動的に情報入手してもらう。	○	○	○	△
6	・・・	・・・	・・・	・・・	・・・

　打ち手を洗い出して、定番の「メリット／デメリット」で決めるよりは、意思決定しやすくなります。

この例であれば、全体的に評価の高い No2 がよさそうだな、ということになります。実現性で劣る No5 も、企画や業務担当と相談しつつ、並行して検討することもできます。また、効果が最も高い No1 について、コストやスピードが劣るのであれば、中長期的に検討する、という判断もあります。

ところで、プロジェクトマネジメントに携わる方はピンと来たかもしれませんが、この枠組みは、QCD（品質／コスト／納期）と似ています。QCD はそのプロジェクトで何を大事にするか、ということを指しますが、前述の評価軸は、何が課題解決のオプションとして有効か、ということを指し示します。

打ち手は、どれか 1 つだけを選んでもいいですし、複数の組み合わせを考えてもよいと思います。

COLUMN　相手の論理に合わせて、受け入れやすい言葉遣いで

ここで書いた「考えるべきこと」とは、前に述べた通り、クリティカルシンキングでは、一般的に「イシュー」と呼ばれます。

筆者は、実務の中では、つとめて「イシュー」という言葉を使わないようにしていますが、それは共通語として伝わらなかったり、身構えられたりすることがあるからです。

改善を進めるにあたっては、なるべく関係者にとって受け入れやすい言葉遣いをおすすめします。

クリティカルシンキングをはじめとした論理的思考力は、考える道具にはなりますが、人に動いてもらうためには、それだけでは足りません。論理だけで押し通しても、逆に反発されることが多いと思います。

改善は、人に動いてもらわないと実現できません。むしろ相手の論理に合わせて、「どんな認識を持っているか」「どんな反応をするか」「何に興味関心があるか」（「認識」「反応」「興味関心」の頭文字をとってNHK と呼ばれます）の 3 点をケアし、さらに、伝える道具としての言葉遣いも相手に合わせることが大事です。

もし、読者の皆さんの大半が「なんだ、イシューのことだと思ったけど、それならそう書いてくれよ」と反応したのであれば、筆者の言葉選

びの誤りです。

　システム障害対応の改善は 1 人で完結しないことが多く、同じチームメンバー、チーム外の関係者に動いてもらって初めて改善が進み、成果が出ます。それぞれの相手に対して、相手の論理に合わせて、受け入れやすい言葉遣いを心がけてみてください。

3 なぜシステム障害対応を 改善するのか？

システム障害対応を改善すると、最終的にどんな嬉しいことがあるのか を理解しておきます。状況ごとに目的は変わりますが、最終的なゴール の認識を合わせておくと、関係者を巻き込みやすくなるはずです。

システム障害対応の改善で最終的に狙っていること

　これまでの章では、システム障害対応に関する言葉の定義や、その意義、 改善に必要な課題解決のスタンスについて説明してきました。

　システム障害対応を改善するのは対応すべき課題があるからであり、そ れは現場ごとに何を課題設定するかによる、とお伝えしてきました。課題 の所在を見つける上では、対応プロセス、ヒト・モノ・カネなど、様々な 切り口があります。

　そのようにして、「どこに課題があるか」を特定して改善ターゲットを 見極めないと打ち手が場当たり的になり、何のために何を改善するのかが ぼやけてしまいます。

　では、そのように**特定した課題を見事に改善したとして、結果的に何を 狙っているのでしょうか。改善しなかったら、何が困るのでしょうか。**

　このことについて、この章では事業運営の切り口で見ていきます。具体 的には、顧客満足観点、従業員満足観点、財務観点の3つです。これが、 事業運営の切り口で見たときの、システム障害対応の改善で狙っているこ とです。

1	顧客満足観点	エンドユーザー（IT サービスの最終利用者）を困らせないこと。
2	従業員満足観点	従業員と組織のコンディションを悪化させないこと（システムの社内ユーザーや、障害対応に関わる方も含む）。
3	財務観点	対応工数（人件費）や、障害を起因とするロスを抑えること（値引きや賠償）。

　事業運営の切り口で見る理由は、それが最終的な目的だからです。どのような IT サービスも、何らかの事業上の目的のために存在します。最終的な目的として、なぜ障害対応を改善するのか理解しておくと、以下のようなメリットがあります。

- 目の前の課題だけでなくゴールが見えることで、改善の動機付けにつながる
- IT 部門にとどまらず、全社目線で課題を発見できる
- 組織外の関係者を巻き込むときに、共通の目的を示せることで、理解を得られやすい

　いかがでしょうか。なぜシステム障害対応を改善するのか、自分の言葉で語れることで、改善が進みやすくなると思いませんか。皆さんも経験があると思いますが、目の前の困りごとや課題だけを説明するだけではなく、なぜやるのか、そのゴールを示すことで、納得してもらいやすくなります。特に、利害が相反するときは重要です。
　ここで挙げた 3 つの観点は、サービスマネジメントの枠組みの一部です。
　売上や利益を上げるためには、お客様に喜んで頂く必要があります（顧客満足）。そのためには、サービスの価値を上げなければなりません。それには、サービスを提供している従業員満足と生産性が重要であり、従業員を支える社内サービスの質を整える必要がある、という考え方です。（参考書籍：グロービス経営大学院／山口英彦『サービスを制するものはビジネスを制する』）
　ここで紹介した切り口は、会社やチームによって大なり小なり違いはあ

りますが、おおむねカバーできていると考えています。もし、これらの他に、うちではこんな目的もある、という場合は、それは非常に素晴らしいことです。ぜひ、関係者へ働きかけるときに言及してみてください。筆者が挙げた3つの観点から見た一般的な目的より、個社特有の目的の方が、さらに関係者の動機付けになるからです。

それでは、観点ごとに詳しく見ていきます。

①顧客満足観点：エンドユーザー（サービス利用者）を困らせない

エンドユーザーを困らせないこと、これを1点目として挙げたのは、最も重要なことだからです。特にこの項目は、丁寧に目的を述べたいと思います。

ITサービスは、必ず何らかの価値を提供しています。その価値提供先が社内利用者になる場合でも、その社内利用者が、最終的なお客様、つまりエンドユーザーにサービスを提供しているわけです。

障害が起きると、ビジネスがBtoCの場合は特に直接的に影響が出るでしょうし、BtoBでも、toBのお客様がさらにサービスを提供しているエンドユーザーがいます。

もちろん、障害ゼロを目指したいところですが、それでも起きてしまった場合、彼らを少しでも困らせないように改善していこう、ということです。

これから、エンドユーザーから見たときと、彼らにサービスを提供するユーザー企業から見たときの2つの観点から、事例を挙げていきます。

エンドユーザーから見たとき

例えば、商品購入やサービスの申し込みなど、システムを利用したいときにできなかったとします。こんなことが起きると、エンドユーザーが困ってしまいます。

- 今必要な商品が買えなかった
- お店で決済ができなかった
- 大切な連絡ができなかった

システム障害対応の改善によって、サービスを利用しているエンドユーザーの機会損失を最小化していく効果があります。

　もちろん、前述のようなことが起きると、サービス提供側にも機会損失となります。お客様に価値提供できなければ、対価としての売上を失うのは当然のことです。

　仮にお客様が気づきにくいシステム障害だったとしても、それが、お客様の人生を左右する機会損失だったとしたら、どうでしょうか。例えば、もっとお客様に最適で、もっと好みに一致した商品やサービスがあるのに、何かの不具合で、それらと出会えなかったとしたら。

　システム障害で失うのは売上かもしれませんが、その売上は単なる数字として片付けるのではなく、このような責任感を持って、ITサービスマネジメントやシステム障害対応を見ていくべきだと考えます。

　だからこそ、システム障害対応の改善によって、障害復旧までのリードタイムを短くしたり、あらかじめ代替のアクション手段を整えたりしていこうというわけです。

■ ユーザー企業（ITサービス提供側）から見たとき

　もう1つの例は、システム障害によって、企業に対するエンドユーザーの印象が悪化してしまうときです。前述のように機会損失につながる場合は、特にサービスへの印象は悪化するでしょう。仮に、機会損失が起きていなくとも、不安になると思います。

- 本当に必要なタイミングでサービスや商品が購入できず、サービスを提供する会社にネガティブな印象を抱く
- 頻繁にエラー画面が出て、特に困ってはいないが、不安になる

　詳しくはこの後の章で紹介していきますが、このようなエンドユーザー視点、ユーザー企業視点が欠けていたとしても一定の改善はできるものの、やはり本質的な改善をするためにはこうした視点は欠かせません。

　システム障害対応は、読んで字のごとく、システムの障害に対応するものですが、その先のサービスの障害に対応しなければ、システムは復旧してもサービスは復旧せず、大きな損失につながります。

言い換えると、システムが復旧しきれなくても、サービスをどのように暫定的に復旧させるかが重要だということです。

 ②従業員満足観点：従業員と組織のコンディションを悪化させない

システム障害は、従業員や組織のコンディションを悪化させることがあります。

発生件数が多ければ、業務が中断してしまったり、対応に追われたりします。それによって、残業が増えてしまう場合もあります。

システム障害が発生すると、何らかの対応が社内の従業員に発生します。例えば、問い合わせやクレーム受付です。社内システムで、それが基幹だった場合は、従業員の仕事が滞ってしまうという状況に陥ります。

また、アラート件数が多いと、24時間365日のサービスレベルが求められるITサービスにおいては、対応メンバーの睡眠が脅かされ、健康を損なう可能性もあります。

システム障害対応が改善されたからといって従業員満足につながるわけではありませんが、少なくとも悪化させるようなことは避けたいものです。

 ③財務観点：対応工数（人件費）や障害起因のロスを抑える（値引きや賠償）

財務的な影響は、直接的なものと言えます。

無駄なアラートが多いとそれを捌く人員が必要になりますし、システム障害の対応が不適切だと、リードタイムが長引いたり、余計な二次災害を誘発したりして、さらに影響が大きくなります。

もし、サービスの品質が悪化し提供価値が損なわれたとして、それが対価に結びついている場合は、営業の現場では値引き対応を迫られるかもしれません。または、本来は売上にできたはずの何らかのサービスを、無償で提供しているケースもあるでしょう。もし、システム障害によって予定していた売上計画が未達に終わってしまうなら、ITサービスマネジメントに関わる立場としては、大変心苦しいことです。

さらに、エンドユーザーに経済的損失が生じる場合は、損害賠償に発

展するような IT サービスを運営されている方もいらっしゃると思います。これは予定外であることが多いでしょうから、事業の利益計画を狂わせる一因となります。

　もし、このような視点を持てていなかったな、という場合は、ぜひ事業運営を意識して改善目的を言語化してみてください。

　言語化したくとも、そもそも理解できていない場合は、営業や企画の方が、普段どのようなことを大事にして業務をしているのか、ヒアリングをするのが非常に効果的です。ただ自分で言語化してみるだけではなく、実際のところどうなのか、社内関係者の声を直に聞くことができれば、改善する立場としてもモチベーションが上がりますし、視野も広がるはずです。

PART 2

システム障害対応改善の
阻害要因と成功要因

障害対応の改善に取り組む前に、改善の難所と、進めやすくするための成功の鍵について見ていきます。これらをあらかじめ理解しておくことで、難所にうまく対応し、成功に向けて進めやすくなるはずです。

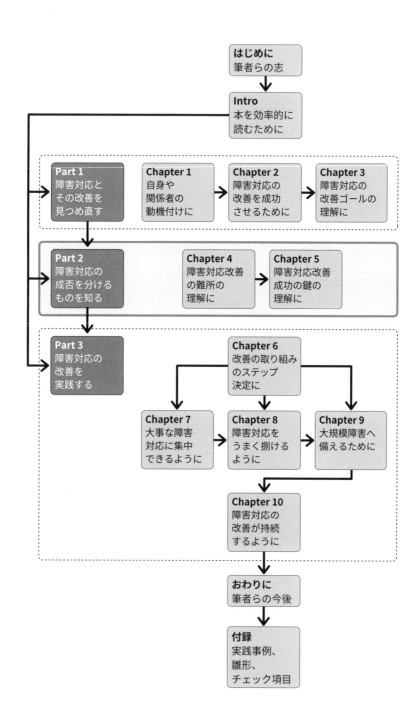

4 システム障害対応改善の難所

システム障害対応の改善の難しいところを 3 つ紹介します。何かがうまくいかないな、というときは、これらの難所にさしかかっているかもしれません。それぞれの乗り越え方も紹介します。

システム障害対応の改善が進みにくい要因とは

　ここまで読み進めると、システム障害対応と改善目的について、かなり解像度が上がったはずです。事業運営を意識して、顧客満足、従業員満足、財務の 3 点について説明してきました。これによって関係者を巻き込みやすくなる効果がある、とお伝えしました。

　しかし、いくら改善したほうがよいとわかっていても、進まない、進みにくいということがあります。この章では、そのような改善の難所、阻害要因について解説していきます。この章を設けた理由は、**よくあるパターンを理解しておくことで、それを意識でき、先回りして対策を打ったり、関係者へ働きかけたりできる**からです。

　筆者が考える、システム障害対応の改善が進みにくい要因は図表 4-1 の通り、3 つあります。

図表4-1　システム障害対応の改善を難しくする 3 つの要因

1	人間心理観点	「重要度は高いが、緊急度が低い」ことで、後回しになりやすいから。
2	IT サービス観点	関係システムと関係者が多いから。
3	運用設計観点	元の運用設計が不完全、または設計できていないから。

思い当たるところはないでしょうか。

　このような実態を考慮に入れず、改善が進まない状況を何とかしようとしても、空回りしてしまいます。また、もし改善を指示する立場の方が、進まない状況を精神論で非難しても、改善が停滞するばかりか、悪化させてしまうことになりかねません。

　システム障害を担う方々は、それだけを担う専門の役割を持っていることは稀ですし、納期の厳しい開発や、それ以外のタスクを抱えている中で、兼務で障害対応にあたっていることが多いものです。その障害対応が改善できたとしても、評価の季節になると本業のタスクばかりが注目されがちです。様々な状況の中で、やりたくてもできない、というのが本当のところではないでしょうか。そのため、怠慢で進まないのではなく、阻害要因がある、と考えるほうが実態に即していると思います。

　ですので、読者の皆さんが改善を推進する立場や、企画する立場ならなおのこと、**進まないにはそれなりの理由がある**、と考えて頂き、それを考慮した上で、計画に反映したり、改善を担うメンバーへ声をかけたりしてみてください。

　それでは、1つずつ要因を深掘りしていきます。

①人間心理：「重要だが緊急でない」から

　まずは、人間心理の観点を見ていきます。システム障害が発生している渦中だと、その対処については重要度も緊急度も高く、多くの関係者が優先して復旧にあたります。しかし、暫定対応が終わって、恒久対応も見えてきた頃に、緊急度が下がっていきます。

　そして、システム障害そのものの改善は、最初から「重要だが、緊急ではない」の典型です。心の中では、そんなことより、今回起こした障害の再発防止をやるのが先だよね、という気持ちになるのが自然の流れです。そして、次回に備えて改善も検討しておこう、と、何らかの意思表明はできても、次第に忘れ去られていきます。喉元過ぎれば熱さを忘れる、とはこのことです。

　ことわざにあるから仕方ない、と思考停止せず、もう少し要因を考えてみましょう。

🚫 要因1　売上が優先されやすいから

　多くの会社で、一般的には費用削減よりも売上増加が優先されます。これは、売上が会社の血液のようなものだからです。モノやサービスが売れると売上となり、それに必要な費用を差し引くと、利益になります。

　確かに、利益を出すためには費用を減らすアプローチもありますが、売上がなければ、利益どころか会社が存続できなくなります。もちろん例外はありますが、売上が先であることは、理解頂けると思います。

　そして、会社組織を眺めてみると、企画、製造、営業、経理など、多くの組織が、売上を増やすための役割や、売上が立った後の業務を支えるための役割を持っています。費用削減はどの部門も求められていますが、ほとんどが痛みを伴うことが多いので、頑張っただけ増える売上を優先するのは、人間心理として自然だと筆者は感じています。

　ところで、システム障害対応に失敗したり、運用設計が整っていなかったりすると、場合によっては、売上が減ってしまったり、余計な費用が発生したりします。システム障害対応を改善することで、そのような売上低下と費用増加を防ぐことができることが多々あるのですが、それを丁寧に説明しない限り、売上のほうが優先されるのが通常と考えます。

　これは、売上が優先されることを否定しているわけではなく、そういった構造であることを理解し、費用削減はどちらかといえば後回しにされやすい点を意識しよう、ということです。そのような意識を持って周囲を巻き込むことで、関係者の理解が得られやすくなります。

　そのため、改善するのが当たり前だと思わず、関係者の優先事項にしてもらうための努力が必要となります。例えば、障害対応の改善によって、今後において防げそうな売上の毀損額や、障害復旧にかかる工数の削減につながる点を、関係者の目線で語ることです。もし、障害によるサービス影響で、値引き対応や損害賠償に発展しているのであれば、数値を集めて定量化すると、特に関係者を巻き込みやすくなるはずです。

🚫 要因2　割ける時間がないから

　システム障害対応の最前線に立って復旧にあたる方は、多くが、中堅からベテラン以上のシステムや業務に詳しい方々です。忙しくて、改善をし

たくても時間がない、というのはとてもよく聞く話です。だから、改善できなくて障害対応にさらに時間がかかってしまう。この無限ループにハマると抜け出すことができなくなります。

　ところで、システム障害対応改善という本書の趣旨からは少し外れますが、この阻害要因はよく聞くことが多いため、そのようなときに筆者がとっている手法を、簡単ですが紹介します。

　それは、**リソースマネジメント**と ROI で解決を図るという方法です。

　まず、リソースマネジメントについてです。忙しくて時間が割けない場合は、自らやるべきタスクと、誰かに任せられるタスクを仕分けることで、時間の捻出ができる場合があります。例えばベテラン社員や中堅社員であれば、担っている保守タスクを「判断系」と「作業系」に分けた上で、作業系のタスクのうち若手メンバーに移管できる部分を見つけることです。リーダーやマネジメントを頼れるなら、タスクの仕分けがさらに効率的になります。

　これは、誰かに仕事を押し付けているわけではなく、会社が期待する成果にマッチするようにタスクの最適化を図っていることになります。結果的に改善に費やせる余剰が生まれ、それによって会社の期待に応えられるなら、正しい決断だと言えます。若手メンバーが新たな仕事を覚えるチャンスになる場合もあります。

　会社規模やチームのメンバー数によっては、このようなタスクの移管が難しいこともありますが、その場合は、自分自身の中だけでも、今、手にしているタスクは、そもそもやるべきことかどうか、それがやるべきことの場合、今やるべきことだろうか、という自問自答でも、リソースマネジメントは可能です。

　次に、**ROI** です。これは、かける手間と、得られる効果のことです。得られる効果を、かける手間（リソース）で割り算し、その数字の大きさを測る指標が ROI です。当然、大きいほうがよいわけです。前述のリソースマネジメントによって、ただでさえ少ない時間を捻出したのなら、大切なのは、その貴重な時間を何に使うのか、です。もちろん、かける手間が少なくて効果の大きいものから実施するべきです。

　この式を頭に思い浮かべるだけで、数値化しなくても一定の効果があります。少ない手間で、大きな効果を得られる打ち手はどれだろうか、とい

う思考になるからです。

　もし、そうではなく、改善のための計画をしっかりと組み上げて、全ての実行プランを練り上げないといけない、という空気になっている場合は、改善に割ける時間がない、として後回しにされやすいです。そうならないためには、少ない工数で短期的に効果が見込めるような、クイックウィンが得られる打ち手を実施し、それによって、さらに余裕を作ることが有効です。効果が出れば、それを見た上司やメンバー、関係者からは、さらに改善を進めるための協力も得られやすいでしょう。

要因3　大切なことだと気づきにくいから

　なぜ大切なのかを理解しないと人は動かないものです。これまで述べてきたように、こうやって改善してくれ、と How だけ押し付けられても、納得できないですよね。これが効果あるから改善してくれ、と What まで明らかになったら、多少はその気になるかもしれませんが、やはり、こういう理由で大切なので改善をしてくれ、と Why まで語られて初めて、多くの方が腰を上げるのではないでしょうか。

　それでも、様々あるやるべきことの中で、相対的に改善の優先度が下がってしまうことが大変多いと考えます。だからこそ、大切なことだと改めて気づくこと、それによって意識的に優先順位を上げることが重要になります。裏を返すと、普通は優先順位が上がらないものであり、それに気づけるための工夫や動機付けが必要だということです。

　例えば、システム障害対応の改善を今期の活動テーマに設定した上で重点活動であると知らしめる、要因1のように定量化して根拠を揃える、優先順位を上げたことを意思表明するなどです。これは、リーダーやマネジメントの力を借りるとさらに効果が高まります。

　ここまでで、3つの人間心理の観点を見てきました。なるほどと思える点もあったのではないでしょうか。

　ところで、『7つの習慣』を読まれた方はお気づきかもしれませんが、システム障害対応の改善は、まさに「重要だが緊急ではない」の典型です。「第三の習慣：最優先事項を優先する」で言及されています（参考書籍：スティーブン・R・コヴィー『完訳 7つの習慣 人格主義の回復』）。

図表 4-2 のマトリクスのうち、第 1 領域の緊急で重要な仕事は当然やらなければなりません。障害対応そのものがこれにあてはまります。ただ、『7 つの習慣』では、第 2 領域の重要だが緊急ではないことにも取り組む意義について言及されています。障害対応の改善は、ここに該当します。

図表 4-2 緊急×重要のマトリクス

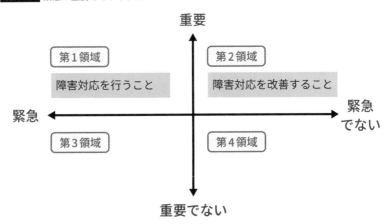

　前述の通り、システム障害対応は重要度と緊急度の両方が高いので、誰もが優先します。しかし、復旧すると緊急度が下がるので、第 2 領域に移ります。そして、他の領域を優先してしまいます。筆者も耳が痛いです。

　だからこそ、この第 2 領域は「大切なこと」だけれど手をつけにくいものと改めて認識し、改善に手をつけるべきと考えるようにしてみてください。そのためには、これまで述べてきたような、システム障害対応を改善する目的に立ち返って頂ければと思います。

　対策としては、重要ではないものを思い切ってやめることです。日常で実施している保守運用業務の中で、これは本当に重要なんだろうか、緊急なんだろうか、というタスクやルーチンを思い切って見直してみるのもおすすめです。

② IT サービス：関係システムと関係者が多いから

次に、システム障害対応の改善が進みにくい要因を IT サービス視点で見ていきます。

システム連携先が 1 つか 2 つある程度なら、組織やシステムに閉じて改善を完結させることができます。しかし、関係システムや連携サービスが増えると、システム障害の対応を改善するために協力を得るべき相手も増えることになります。世の中のシステム連携数が経年で増えている……というデータはなくとも、過去よりも現在のほうが、様々な形のシステム連携が増えてきている、という実感はあると思います。

そのため、組織内部で意思決定して実行に移す難易度が上がり、システム障害対応の改善が進みにくくなったのではないかと考えています。

関連システムが増えるとなぜ、改善が進みにくくなるのでしょうか。

🚫 要因4　改善を進めたい当事者だけで完結しないから

前述の通り、関係者が増えていくと改善の難易度は上がります。悲しい現実ですが、一般的に、その改善によって自分たちがポジティブな効果を得ることがない限り、つまり、自分たちのシステムに好影響がなければ、関係システムの担当者は、特に改善が必要とは思わないでしょう。改善にコストや手間がかかるならなおさらです。

関係システムの担当者の当事者意識が高ければ、自分ごととして捉えてもらえる可能性はありますが、時と場合に依存してしまいます。IT サービスはシステム単体では成り立たないことが多いため、関係システムの協力を得ることが不可欠です。

利害が相反したり、関係システムにおいて工数が多くかかったりする場合は、改善の阻害要因になりやすいことを念頭に置く必要があります。

改善を図ろうとするときに初めて協力依頼をするよりは、普段から、お隣のシステムの担当者がどのようなことをしているか、困っていることは何か、といった顔が見えるコミュニケーションをしておくと、話が進みやすくなります。システム連携はお互い様なので、対向のシステムは、相手から見るとこちらが連携先になるわけです。

普段から、何か連携関連で課題になっていることはないか、最近はどの

ようなことに取り組んでいるのか、といった声かけだけでも、関係が深まるきっかけになります。

◯ 要因5　システム全体を把握しづらいから

　さらに難易度が上がる要因として、関係システムが多くなることによってシステム全体を把握しづらくなる点が挙げられます。この業界は定期的に人が入れ替わることが多いため、関係システムまで把握している人材を維持することが難しいものです。人が入れ替わるたびにノウハウが失われ、仮にドキュメントがあったとしても、どれが最新なのか、それが正しいのかもわからない状態になると、改善するために必要な準備や工数が増えます。

　仮に、関係システムの担当者と良好な関係を構築できていたとしても、改善に必要なシステム理解が不足していると、やはり改善の難易度は上がります。

　ではどうすればいいのかというと、即効性はないものの、システム全体図やシステム一覧（サービスカタログ）を地道に整備するしかないと思います。それまでの間は、改善スコープを限定することで難易度を下げながら改善効果を得ていき、効果実感をもとに、改善スコープを広げていくのが現実解でしょう。

　また、開発チームが複数に分かれている場合、それぞれのチームで、システムの責任範囲を抜け漏れなく明確にしておくのも重要になります。全体像が把握しづらいので、せめて責任範囲は詳しく把握した状態を目指し、必要時にシステム担当者間で認識をすり合わせるようにします。

③運用設計観点：元の運用設計が不完全、または設計できていないから

　最後は、元も子もない話になってしまいますが、意外とできていないのが、障害対応の運用設計です。あったとしても、何かのテンプレートをもとにして当該システムに合うように言葉だけを変えたような、実践には使われにくい、納品物として納品できればよいだけの運用設計書だということはないでしょうか。

　システム障害対応の関係者間で「システム障害対応が発生したらこのよ

うに行動しよう」という運用設計が決まっていないと、改善する対象が定まらなくなります。その場合は、改善というよりは、まず運用設計をしましょう、ということになります。設計したベースがあるからこそ、障害対応という実践を通して、振り返りを行い、改善するサイクルが回せます。

　どのような点が運用設計として不完全だと阻害要因になるのかといえば、結論から言うと、障害が発生したときの「コミュニケーション設計」とアクションの決定、そこでやり取りされることの「情報設計」です。

　ここでは、1つずつチェックしていけるように箇条書きで整理してみます。

🚫 要因6　コミュニケーション設計ができていないから

● 障害はどこから検知されるか
　　☐ 例：アラート、社内申告、ユーザー問い合わせ
● 検知したら誰に連絡するか
　　☐ 例：関係組織、上長、関係システム
● どのような手段で連絡するか
　　☐ 例：メール、社内チャット、社内ポータル
● どのような体制でエスカレーションするか
　　☐ 例：保守担当→マネージャ→企画部門→営業部門→エンドユーザー
● 誰がどのようにアクションを意思決定するか
　　☐ 例：原則、IT サービスマネージャが決める。論点や選択肢によりサービス影響が変わる場合は、プロダクトマネージャが決める
● 障害が収束したら、どのように情報を記録＆報告するか
　　☐ 例：障害が発生したら記録すべき項目を定めておき、クローズする際に必須項目としておく

🚫 要因7　情報設計ができていないから

● 関係者が必要としている情報は何か
　　☐ 例：影響調査や、代替手段の提供のために必要な情報
● その情報は誰がどのように収集するか
　　☐ 例：企画部門からシステム保守運用部門に依頼して収集する

● 情報をもとに誰がどのような判断をするか

　　□ 例：プロダクトマネージャが、いくつかのサービス影響の軸で障害
　　　　レベルを判定し、緊急度と広報是非を決める

　以上の要因を自身の現場にあてはめてみると、コミュニケーション設計
や情報設計が決まっている部分と、曖昧な部分があるのではないでしょう
か。もし曖昧で、毎回のようにその場の勢いで急いで決めているようなら、
これらを関係者で事前に決めて明文化しておくだけでも、改善のための振
り返りがしやすくなります。

　なぜならば、ベースができることで、実態と合わなかったので見直す、
足りなかったので追加する、よかったのでさらに細かく決める、といった
動きにつながるからです。

　改善の難所について、たくさんの観点をお伝えしました。改善に向けて
動き始めてからしばらくは、うまくいかないことが多いはずなので、その
ようなときに、このページを思い出して頂ければと思います。

5 改善の肝となるサービス視点での運用設計

システム障害対応の改善の成功の鍵になるポイントを3つ紹介します。改善を加速させることができる、サービス視点の運用設計を実践してみてください。視点の切り替えが進む例え話も盛り込みました。

サービス視点での運用設計がなぜ重要か

前章では、システム障害対応の改善の阻害要因と乗り越え方について説明してきました。重要だが緊急度が低い点をはじめとして、優先度が上がりづらいメカニズムを理解し、先回りして手を打てるようにしたり、関係者への働きかけに活かしたりしようというものです。

その上で、この章では、筆者が改善の肝だと考えている、システム障害対応をサービス視点で運用設計することについてお伝えします。これには、「はじめに」で触れた、開発チームとユーザー企業の協同関係を構築していくことが重要です。

サービス視点とは、簡単に言うとエンドユーザーの立場で考えることです。簡単に言えてしまいますが、これが大変難しいです。つい気を抜くと、システム視点や企業視点になってしまいます。

サービス視点での運用設計が改善の肝である、とした理由は、サービスを利用しているエンドユーザーを困らせないため、ということに尽きます。システム障害対応は、システムの障害を収束させることはもちろんのこと、エンドユーザーのサービス利用の妨げになっている状態を何とかする必要があるからです。

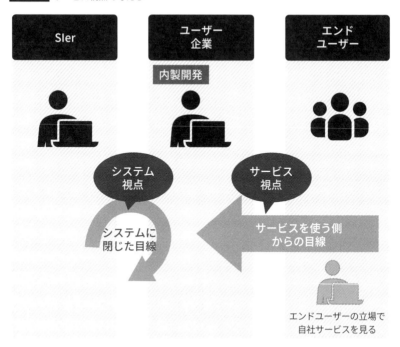

図表 5-1 サービス視点で考える

システム視点だけで運用設計されていたとしても、一定の改善は進みます。具体的には、アラートの数が多いので棚卸しして減らしたり集約したりしよう、アラート発報から気づくまでのリードタイムが長いので短縮しよう、という程度の内容です。これらはサービス視点の運用設計がされていなくても、システム視点だけで改善は進みます。

では、どこから進みにくくなるのか。それは、システム障害に対して、影響調査をもとに何らかのアクション（広報や暫定／恒久対応などのサービス復旧活動）の改善に着手するときです。ここから、エンドユーザーを強く意識した営みが必要になってきます。

システム障害時にユーザー企業内で何が起きているか

システム障害対応をしているとき、ユーザー企業や業務運用部門の方から、「連絡が遅い」「情報が足りない」と言われたことはありませんか。場合によっては、叱責されることさえあると思います。スピード感を持って

真面目にしっかり対応していたとしても、このようなシーンに直面することがあります。

　システム障害は、エンドユーザーに何らかの影響が出ることが多いです。ITサービスは生活の隅々まで行き届いていますし、もはや社会インフラ化しているものもあるため、その場合は特にたくさんの方が困ります。

　このような中で、サービス提供者の立場に立って考えてみると、ユーザー企業の担当者が焦りや怒りのような感情を抱えてしまうのは、大切なお客様にサービス提供ができなくなることが根本にあるからだと考えられます。

　この感情を、身近な例を挙げて想像してみましょう。

　普段の生活において、バスや電車が遅れている、電気やガスが止まっている、電話がつながらない、といった「生活インフラ障害」が発生すると、我々はエンドユーザーとして困ります。

　このとき、何が起きているのか情報が出てこない、いつ復旧するのか見通しが読みとれない、といった事態になると焦りますよね。大切なイベントやアポに行く必要があるのに……などと怒りますよね。

　また、皆さんが仮にレストランを経営している、と考えてみましょう。電気やガスが止まっていると、大切なお客様に食事を提供できなくなります。今日は営業できるのか、食材の仕入れはどうすればよいのか、予約されたお客様にお断りの連絡をするべきなのか。

　それなのに、見通しの情報提供が遅い、内容が足りない、という事態だと、焦りは募るばかりです（実際の事例ではなく、例えです。社会インフラを担う方々は、維持と復旧に大変な努力をされています）。

　こう考えると、システム障害に直面して、思うに任せない状況にさらされると、焦りや怒りのような感情を持ってしまうのも、うなずけます。

■ こんな電車遅延のアナウンスは嫌だ

　ところで、電車遅延が発生した場合、どのような連絡をしてくれる鉄道会社だと嬉しいでしょうか。パターンAとBを挙げてみました。

● A　細かい情報はさておき、事実と見通しを少しでも早く教えてくれる
● B　正確に情報を集めてから、丁寧に電車遅延の情報を教えてくれる

図表 5-2 電車遅延のアナウンス例

【パターンA】
○○線で電車遅延が発生しています。運転再開の見込みは立っていません。状況がわかり次第アナウンスします。

【パターンB】
○○線の○駅と○駅の間にある○踏切から○メートル離れた地点で、機器の経年劣化で断線が生じたことにより信号機故障が起きたため、○○線を走る電車○本が遅延しています。

　Aが嬉しいのではないでしょうか。極端な例ですが、いくら頑張ってBの情報を考えられる限り最速で告知しても、そんなことまで調べていたら、Aよりも時間がかかって連絡が遅くなるでしょう。しかも情報が足りません。

　では、なぜAの情報がありがたいのか。それは、乗客が求めている情報だからです。皆さんが電車遅延で困っている状況を思い出してみてください。Aの情報に触れたとき、次のように考えているはずです。

　まず、自分に関係する情報だと気づきます。迂回するか待つか考えているところ、運転再開の見込みが立っていないので、待たずに迂回することに決めます。

図表 5-3 パターンAを見た乗客

○○線で電車遅延が発生しています。運転再開の見込みは立っていません。状況がわかり次第アナウンスします。

○○線で電車遅延が発生しているのか。
自分が使っている路線だ。迂回できるけど遠回りになるな。待とうかな、どうしようかな。

運転再開の見込みは立っていないのか。
よし、待つよりも、迂回しよう。

Ａのアナウンスが入ると判断しやすいですね。鉄道会社のこのような連絡をありがたいと思えるのはなぜでしょう。それは、サービス視点での運用設計ができており、サービス視点で広報しているからではないでしょうか。

■ システム障害対応は、難しい

システム障害対応においても、同じことです。

しかし、ユーザー企業の全てが全てにおいて、このようなサービス視点の運用設計が完璧にできているわけではないと思われます。これは、怠慢ゆえではなく、難しくて、かつ経験機会も限られているからではないでしょうか。

さらに、多くのシステムは、SaaSや、社内／社外の他のシステムと連携して動くことが多く、そうした場合システム障害が発生したときの影響は、なおのこと把握しづらくなり、対処の難易度も上がります。

前の章でも言及した通り、多くの場合、貴重な資源である人員や予算は売上に関わるプロセスに投じるものです。例えば、企画、製造、営業、流通です。もちろん、システムの企画と開発への投資は旺盛ですが、システム障害が起きたときの改善に時間や予算を割くことは、経験上、あまり見かけません。

もちろん、SaaSなどのプロダクトを運営する会社、ITサービスが事業そのものである会社は、その停止はビジネスの停止を意味するので、資源を投じて取り組まれているところが多いと思います。それにより、サービス視点の運用設計ができているかもしれません。

しかし、保有するITサービスが事業を支援したり効率化したりしてくれる程度の存在だという場合は、システム障害が起きてもビジネス自体が完全停止することはないため、優先度が上がりにくくなります。

となると、システム障害発生時の対応の仕方は定まっておらず、そのときの状況を考えながら、そのときに最適と思えるアクションを迷いながら実行されているのではないでしょうか。そもそも、システム障害対応の経験が豊富という人は少なく、意図的に経験を積めるものでもないため、仕方がないとも言えます。

そうなると、ユーザー企業の担当者の方は、焦りながら、迷いながら対

応します。こうした中、「なんでもいいから情報が欲しい」といった発言が出てしまうのです。これを聞いた開発チームは、毎回違う情報を要求される上、障害を起こしているのでこれ以上のミスはできないというプレッシャーの中、試行錯誤しながら情報提供します。

しかし、それでシステム障害の解決に進むことがなければ、焦りが怒りに変わり、「連絡が遅い」「情報が足りない」と叱責され、言われた側は萎縮し、悪循環に陥ってしまうのだと思います。

このような状況に対しては、システム障害対応を行うだけという立場から、システム視点で見えている狭い範囲だけの改善を行っても限界があります。

もし、「これはユーザー企業が原因なのであって、我々が対応できるスコープまでは精一杯やっているのだからこれでいい、サービス視点で運用設計をしてもらえるようにお願いしよう」、と考えてしまうと、残念ながら、改善の進みは遅くなるか、そこでストップしてしまうでしょう。

なぜなら、基本的には、システム障害対応の運用設計は、企画部門ではなく開発チームが主導したほうがよいからです。システム障害対応は専門スキルが求められますし、ITサービスと業務運用を統合的に理解して行う必要があるからです。

■■◆ 開発チームがサービス視点を持って踏み出していこう

では、どのように改善を進めていけばよいのでしょうか。

筆者としては、開発チームが一歩を踏み出して、システム障害対応の運用設計がサービス視点になるように主導していこう、というスタンスを提案します。

もちろん、本当にサービスに詳しいのはユーザー企業ですが、システム障害対応のコアスキルを保有するのは開発チームです。そのため、開発チームが、システム視点からサービス視点に自ら切り替えて運用設計をするほうが物事は進みますし、提供価値も高まります。

繰り返しになりますが、くれぐれもシステム障害対応を行う側の都合で運用設計をしないようにご注意ください。

仮に、そこそこ業務理解があって、ユーザー部門が欲しい情報や運用を想像できたとしても、直接聞いたほうが現場に役立つ情報になります。相

手がしたいこと、欲しい情報は、相手から聞いたほうが早くて確実です。

　例えば、障害連絡の手段としては、開発チームが主に利用しているツールを使用して、開発チームと接点のある組織だけにこの情報を提供すればいいはずだ、あとはよろしく、ということになっていないでしょうか。この場合、それ以外の関係組織は困っているかもしれません。

　そんなことはない、ユーザー企業から取り立てて困っているという声は聞いていないよ、と思われたでしょうか。

　しかし、もしかすると、障害発生時に提供している情報の8割が実は利用されておらず、その8割に無駄な時間が費やされていたり、障害対応で利用している連絡手段とは違うコミュニケーションチャネルが実は使われていて、裏で担当者の方が苦心して関係部門へ情報展開していたりするかもしれません。開発チームからの障害連絡だけではサービス影響がわからないので、自分たちでシステムに入って、挙動を確認しているかもしれません。

　サービス視点への切り替え方の1つとしては、矛盾するようですが、システム障害の発生を機会と捉えて、何がサービス影響として痛いのか、どんな情報があると助かるのか、裏でどんな代替運用をとっているのかを聞き出し、意識的に理解しようとすることだと考えます。障害が起きないと理解する機会がないわけではありませんが、少なくとも起きた障害から学ばない手はありません。

　章の後半からは、このような状況を踏まえて、実際にどのような点を考慮してサービス視点の運用設計をすればよいか、ポイントをお伝えします。

システム視点からサービス視点への翻訳

　同じ事象でも視点が異なると、人によって異なった見え方、解釈、表現になります。その違いで、関係者との意思疎通が難しくなることがあります。本書でも何度か言及するシステム視点とサービス視点の違いは、そこに難しさがあります。普段の業務で向き合っているときに重視している視点、思考の癖は、そう簡単に変えられるものではないからです。

　システム障害の中心となって統括管理する方は、その難しい視点変換と言語変換を行っています。特に、Chapter 9 でも取り上げる大規模障害においては、このような方の役割が重要になります。

　例えば、ある事象を開発チームは「データベースの XXX がダウンしました」とシステム視点でユーザー部門に報告しても、「で、サービス影響って何？」という会話になります。これをサービス視点で変換すると、「社内業務で使用する YYY システムが停止していて、ログインさえできません」「エンドユーザーが使用するマイページは影響がありません」のように伝えて初めて、「なるほど、じゃあ YYY の業務はできないから、今のうちに ZZZ システムでできる業務をしておこう」、といったように代替運用がとれるわけです。

　彼らはどうやって視点変換をしているのでしょうか。何人かに聞いてみたところ、多くは「質問」によって行われていました。開発チームから届くシステム視点の報告を、サービス視点を踏まえた上で再質問し、サービス影響の回答を導いているのです。

　このような役割は、「インシデントコマンダー」などと呼ばれることがあります。他にも、障害コントローラー、障害ハンドラー、などと呼んでいる会社もあるのではないでしょうか。今後、このような能力や考え方の重要性がさらに高まり、トラブルシューティングマネジメントの分野が発達していくのではないでしょうか。

サービス視点の運用設計の要諦

システム障害対応は、当然ですが障害発生を検知してから始まります。その際、迷いながら、都度その場で考えてしまわないように、以下3つを事前に決めておくべきです。

図表5-4 運用設計に必要なこと

1		アクション候補	障害広報や暫定対応などの行動パターン
2		判断情報	どの行動パターンを選択するかを決める情報
3		判断基準	判断情報の切り口

なんだ、その程度のことか、と思われたかもしれません。しかし、これがなかなかできていないことが多いです。

例えば、夜間のバッチ処理が朝の営業開始までに終わっていない、基幹システムの利用開始時間を過ぎて遅延している、というとき、何がサービス影響で、どのようなアクションを、どんな情報をもとに、何を切り口に判断するか、すらすらと説明できるでしょうか。

できる方は、IT サービスマネージャの鑑です。「バッチ処理が終わらない」というのはシステム影響ですが、サービス影響の例としては、基幹システムで行っている XX と YY の業務が停止する、XX の情報が昨日のままになっているので YY の業務に影響がある、といったことです。

担当システムに置き換えたとき、このような粒度で説明できない方や、または想像の域を超えず、ユーザー部門と認識を合わせないと自信がない方は、システム障害対応の切り口で、ぜひ理解を進めてください。

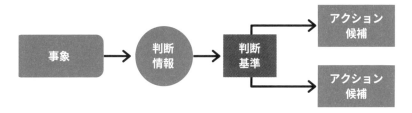

図表5-5 判断情報と判断基準からアクションを導く

📋 ①アクション候補：どのようなシステム障害が起きたら、どんな行動をとるかを考えておく

例えば、システム障害を検知した後に、どのような障害であれば、関係部門に連絡をするべきか、しなくていいか、連絡する場合は、どこの範囲までエスカレーションをするべきか、というのがアクション候補です。

他にも、いわゆる暫定対応と恒久対応もアクション候補に含まれます。

担当しているシステムの障害対応経験が長くない限り、アクション候補は思い浮かばないものです。システム障害対応は実践で学ぶ要素が大きいからです。

それでも、今後発生しうると想像できる範囲のシステム障害の想定ケースと、それに対するアクション候補の一覧を作るだけでも、改善が進みます。例えば、先ほど挙げたような、夜間のバッチ処理が終わらなくてサービス提供ができない場合や、サービスは提供できるが一部が不完全な場合です。

ここでは、特にサービス視点で考えてみてください。エンドユーザーや業務運用部門は、どのITサービスがどのようになると、何が困るか、それはなぜか、それによってどのように回避行動をとるだろうか、といったことです。

電車遅延が発生したときのように、自分が相手の立場だったら、と想像しながら、業務運用部門にヒアリングをするとよいでしょう。BtoCビジネスの場合は気軽にヒアリングすることは叶いませんが、カスタマーサポート部門に聞くことはできますし、toCの部分は自身がITサービスの利用者にもなることも多いため、想像しやすいはずです。

このようなアクション候補ができると、いざというときの拠り所になり、

システム障害が発生した際に「都度その場で考える」ということが減らせ
ます。システム障害を経験していく中で、アクション候補をブラッシュアッ
プさせていきましょう。

その先には、システム障害対応の品質向上やスピード向上だけでなく、
新たに参画したメンバーの育成スピード向上も期待できます。

②判断情報：アクション候補の中から、何の情報をもとにどのアクションを選択するかを考えておく

アクション候補が決まったら、「そのアクションはどのような情報があ
れば判断や実行に移せるのか」ということを考えていきます。

例えば、もし SLA に定めている内容があれば、それを満たしているか
どうかは、速やかに知りたいはずです。もし「XX サービス停止時は、障
害告知を 30 分以内に行う」と決めてある場合、「XX サービスの影響範囲
を見るためには、XX 情報が必要」「XX サービスを利用している関係者一
覧が必要」となるはずです。

システム視点だけで考えてしまうと、「SLA だから」という 1 点だけで、
「30 分」に着目してしまいます。確かに、契約や損害賠償の定めで、何ら
かの閾値が必要な IT サービスもあるのですが、ユーザー企業や業務運用
部門にとって重要なのは「30 分」ではありません。

例えば、次のような解像度のサービス視点で、この 30 分を理解する必
要があります。

- XX サービスは、毎日 XX 時までに業務上の締め切りがある
- その後工程に外部パートナーへの発注や情報の引き渡しがある
- もしその業務が停止したり期日がずれたりする場合は、速やかに連絡
  が必要である
- そのため、発生から 30 分以内に情報を入手できないと、代替運用が
  とれない

このような判断情報が決まっていると、システム障害時、余計な情報取
得による時間ロスや、判断誤りをしなくて済みます。

③判断基準：情報をどのような観点で判断するか基準を考えておく

　判断に必要な情報は何であるかが決まったら、それを「どのような切り口で判断するか」ということを考えておきます。どのように判断するか決まっていると、判断するための情報の取り方や取得範囲も見えてきます。

　例えば「Webサイトの利用ユーザー数」を判断情報として集めるとします。今までの経験から、当日のユーザー数だけを見て判断するわけではなく、前日のユーザー数と比べてユーザー数が減っているかどうかが判断基準になっている場合が多かったとします。

　それなのに、いざ集めた判断情報を確認すると、当日のユーザー数しか情報が集まらず、前日のユーザー数情報は改めて依頼して取り直しとなり、時間ロスが発生してしまう、といったことが起きます。

　サービス視点で考えると、前日と当日でユーザー数が減少しているかどうかを見ることの意義がわかってきます。例えば、今回の障害起因でサービス利用を諦めたり離脱したりしていると判断できるとしたら、業務運用部門のユーザーフォローや障害告知文を決める際に有益な情報を提供できます。

　さらにサービス視点で理解を進めると、前日ではなく、前週の同じ曜日で比べる、という手法も考えることができます。

　このように、どの情報をどんな観点で見て判断するかを事前に決めておくことで、時間ロスを減らせます。

　ここでは概要レベルの解説となりましたが、本書の後半では、この内容をベースに改善ステップを詳細に説明します。

　最後に、先ほど取り上げた電車遅延の例にあてはめてみますので、サービス視点とはこのような運用設計をすることなんだな、とイメージを持ってみてください。

　なお、鉄道会社への取材をもとに正確に再現しているわけではなく、あくまでも、サービス視点を持つための身近な例として、「もし鉄道業界素人の筆者が電車遅延対応をシステム障害対応に置き換えてみたら」と仮定して使わせてもらっているだけですので、悪しからずご了承ください。

① アクション候補

- ☐ 電車遅延を広報する
- ☐ 広報の中で遅延原因を伝える（人身事故、信号機故障、乗客トラブル、急病人など）
- ☐ 復旧までの見込み時間を算定する
- ☐ 代替輸送を用意する
- ☐ 構内アナウンス、電光掲示板、各サービスに情報を流す
- ☐ 遅延証明書を配布する
- ☐ 乗換路線に接続待ちを指示する

② 判断情報

- ☐ 遅延原因
- ☐ 復旧見込み所要時間
- ☐ 当該路線の列車運行数と乗車率
- ☐ 類似事象における復旧までの実績時間
- ☐ 遅延による終電への影響有無

③ 判断基準

- ☐ 振替輸送を決めるのは、遅延原因が XX の場合か、復旧見込み所要時間が XX 分以上か、当該路線の列車運行数と乗車率が XX の場合
- ☐ 沿線駅に連絡して遅延証明書の配布を指示するのは、復旧までの実績時間が XX 分以上の場合
- ☐ 接続待ちを依頼するのは、電車遅延の発生タイミングが終電の場合

あなたも気がつけば逆の立場に

　システム障害対応をしていて、ユーザー企業や業務運用部門の方から叱責されたことはありますか。職務怠慢で同様のミスを繰り返した場合はわからなくもないですが、こんなに頑張っているのに、一方的に怒られるのは理不尽だと感じることもあると思います。

　人は誰もが感情を持っているのだから、怒るのは当然だ、と自分に言い聞かせたとしても、納得できないこともあるのではないでしょうか。

　こういう場合は、怒っている相手だけでなく、自分も含めて、その怒りのメカニズムを知ることが有効だと考えます。怒りのメカニズムを理解し、自分自身の怒りの感情と向き合う考え方として、「アンガーマネジメント」があります。現在は、教育機関、プロスポーツ、ビジネスの場でも、怒りをどのように扱うといいのか、応用が進んでいるようです。

　システム障害対応の場面では、「不安」「苛立ち」「恐怖」「困惑」はつきものです。ユーザー企業の担当者の方は、この感情を抱いた状態で、何の目的でどんな情報が必要なのか、はっきりとわかっていない状態で、情報を要求してしまうのだと考えられます。このような状況を理解した上で、担当者の方とコミュニケーションしたり、情報を整理したりしていくことで、相手の感情を受け入れていけるのではないでしょうか。

　もしかしたら、我々自身も、その状況を起こしてしまっているかもしれません。

　ここまでの話は、ユーザー企業とSIerの関係で説明してきました。例外はありますが、業界構造上、買い手（顧客としてのユーザー企業）の交渉力が強く、それにより、顧客側がSIerを振り回してしまう側になりやすいと思われます。

　もし、立場が変わり、システム障害対応を実施している皆さんが、担当するシステムでミドルウェアやクラウドサービスを利用していると考えてみてください。

　となると、自分たちが買い手であり、顧客です。そのミドルウェアやクラウドサービスの提供者に対して、どのような情報が必要なのか整理できていないまま「毎回違う情報を要求」したり「なんでもいいから情報が欲しい」と伝えたりしたことはないでしょうか。それでも解決に進

まなければ、焦ったり、先方の担当者を叱責したりするようなことはなかったでしょうか。

　このように、システム障害対応は特に人の要素が強く出てくるので、人間心理の理解や、相手への想像力を働かせることが大切ですね。

図表5-6　気づけば逆の立場に

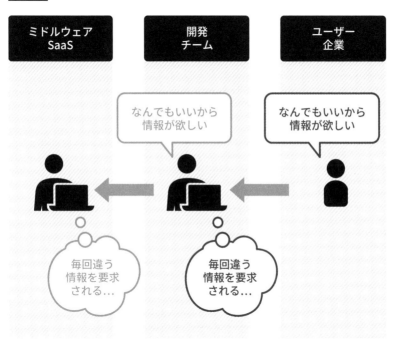

PART 3

実践！システム障害対応の改善ステップ

システム障害対応改善の実践編として、これまで説明してきたことをベースに、改善をステップごとに進めていきます。どのステップから始めるとよいか、皆さんの現場の事情に照らして検討してください。

Introduction に、「Part 3 の読み進め方、概要の紹介」がありますので、そこで大まかに内容を掴むこともできます。

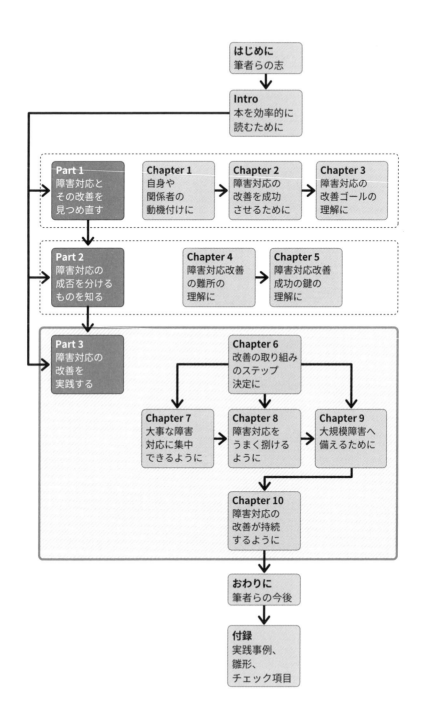

6 システム障害対応の課題特定

> 改善の目的をもとに、課題はどこに潜んでいるのか、どこから取り組むべきか、決めていきます。よくある事象から課題を特定できるようにもしてあります。

事前	システム障害対応の課題特定
1カ月目 大事な障害 対応に集中 できるように	第1週：アラート・問い合わせの洗い出し
	第2週：アラート・問い合わせの分類
	第3週：「対処不要」なアラート・問い合わせの 特定と処置
	第4週：「定型」的なアラート・問い合わせの特 定と処置
2カ月目 障害対応を うまく 捌けるように	第5週：システム障害発生時のアクション定義
	第6週：アクション決定への判断情報と基準の定義
	第7週：アクション実行の役割と権限の定義
	第8週：頻出アクション・判断情報と基準の効率化
3カ月目 大規模障害へ 備えるために	第9週：大規模障害の定義とエスカレーション
	第10週：大規模障害時の体制構築
	第11週：コミュニケーションルールの制定
	第12週：システム障害対応訓練と振り返り
継続	継続改善のための役割最適化

■▶ この章のポイント

　本章では、システム障害対応の改善にあたって、所属チームの課題特定を目指します。

　これから、3カ月にわたって改善に取り組むことになります。Chapter 2の課題解決方法でも言及した通り、何を改善するか（What）を決めたら、仮説でもいいので、その課題がどこにあるか（Where）を特定してから改善を進めることで、場当たり的にならずに済みます。また、成果が出やすくなります。

　そのように課題の仮説を持ち、実際に取り組んでみると、当たることもあれば外れることもあるはずです。その仮説に対する「当たり外れ」を学習しつつ、新たな課題特定に活かしていきます。

　また、システム障害対応のよくある課題を列挙し、読者の皆さんが選びやすいように整理しました。そして、続くChapter 7〜9のどこで解決できる見込みがあるかを提示していきます。

■▶ 解決できること

本章で解決できることは以下のようなものです。

● システム障害対応の改善に向けて、どのように課題を収集するか
● ある課題を解決するときに何から手をつければいいか

　まず、本章で課題特定をしてから次に進んで頂くことを推奨します。

　完全に特定しきれなかったとしても、この後で一覧になっている課題の中から、自分のチームの改善目的に近いものを決めて取り組んでみてください。そうすることで、あたりをつけながら、必要最低限の手間で取り組むことができますし、狙いが当たれば効果も高くなります。

　もし狙いが外れても、課題の仮説を持って改善活動をやってみることで、それが正しかったかどうかの検証が進むはずです。そして、課題はこれじゃなかったね、あの課題かもね、と特定できればよいのです。そのようにして、サイクルを回してみてください。

■■■ この章では何をするのか？

▶ 課題の収集

所属するチームの課題で、どのようなものがあるかを洗い出します。

関係者を集めて課題を洗い出すのが最も効果的ですが、それ以外にも、過去に洗い出したことのある課題の一覧や、振り返り、報告文書をヒントにする方法もあります。

このとき、「障害対応で何か困ってることない？」と漠然とした聞き方や探し方をしても、雑多な情報や、思いつきのような困りごとや、個人的な悩みで埋め尽くされてしまいます。

これが、ブレストとして行われる場なのであれば、ある程度は意味がありますが、改善目的が定まっているのなら、「XX を改善したいと思っているが、その課題はどこにありそうか」という問いかけをしたほうが、有益な洗い出しになります。

▶ 課題一覧からの選定

改善目的に対する課題の仮説を立てます。

図表 6-1 の課題一覧は、各章に該当する、システム障害対応でよく発生する課題を紹介してあります。先ほど集めた課題をもとにこの一覧を見て、所属チームにあてはまる課題のあたりをつけてみてください。

筆者は、社内外で 100 以上のチームと意見交換をしてきましたが、大体どの課題も、一覧にあるもののどれかに該当します。

あまり完璧にすることを目指さず、課題の中から、これかな、というものを選んでみてください。選ぶのは大人数である必要はないですが、保守運用の責任者・ベテラン・若手、営業担当・セキュリティ担当など、立場によって見え方が違うので、複数の目で一覧を見ながら話し合うことを推奨します。

図表6-1 課題一覧

目的	課題	読む章
大事な障害 対応に集中 できるように	大量のアラートで困っている。	Ch. 7 1カ月目
	夜間の電話が多くて寝られない。	
	エンドユーザーや顧客からの問い合わせ対応に時間が かかる。	
	無駄な作業が発生している。	
	システム監視・インシデント管理に工数が多くかかっ ている。	
障害対応を うまく捌ける ように	対処が決まっている事象しか障害対応ができない人が 多くなってしまった。	Ch. 8 2カ月目
	未知のインシデントはベテランに頼ってしまっている。	
	引き継ぎの際のノウハウ継承が難しい。	
	人的ミスが多く発生してしまう。	
大規模障害へ 備える ために	大規模障害時の体制が決まっていない。	Ch. 9 3カ月目
	大規模障害時にどのように仕切ればよいかわからない。	
	システム障害訓練をどのように実施すればよいかわか らない。	
	大規模障害時の情報連携が遅くなる。	
障害対応の 改善が持続 するように	システム障害対応の改善をしても、やりっぱなしになっ てしまう。	Ch. 10 継続
	日常的にPDCAが行われず改善していかない。	
	組織間の壁で改善が止まってしまう。	

▌▶ 何を、なぜ、どこまで取り組むかの方向性決め

　課題を選んで、認識を合わせて、方向性を決めていきます。

　このとき、なぜこれが課題だと考えているのか、改めて認識を合わせる
ようにしてください。もちろん、何を改善するか（What）と整合性がと
れていることが重要です。

　例えば、「大量のアラートで困っている」を選んだなら、大量のアラー
トで困るのは、重要なアラートが埋もれて障害復旧までのリードタイムが
かかるから、サービス影響が最小化できないから、メンバーの健康を損な
うから、といった形で言語化しておきます。

　これは、振り出しに戻るようですが、何を改善するのかの目的は、一度
押さえたら、見失わないようにする必要があるからです。つい、目的から

離れてしまうものなのです。

　もし、当初の目的を見失っているのに課題を選んだ気になっている場合は、振り出しに戻って改善目的を思い出すほうが健全です。または、目的の設定が間違っていたのであれば、間違っていた、と気づくほうがよいと思います。仮に目的のすり替えのように思われたとしても、それが真の目的だとするなら、勇気を出して目的を置き直すべきです。ただし、これが多いと、Where や How に合わせて What を逆設定していることになるため、注意が必要です。

　どこまで取り組むのかについては、例えば、「アラート 50% 減を目指す」とか、「システム障害対応のうち 30% は若手でもできるようにする」とか、「大規模障害が発生したら報告・リカバリを 30 分以内に実施する」などです。

　ここまでで、所属するチームの課題のあたりをつけ、課題一覧から課題を選びました。さらに今後の改善活動の中でどこまで実施するかを決めました。時間と予算があれば、しっかりじっくり取り組むのもよいですが、保守運用をしながらの実施であれば、改善効果を感じられる最低限の範囲に絞ることをおすすめします。一度、改善の効果をチーム全体で実感して、その後の継続的な改善につなげていくことを目指してください。

協同ポイント 1：関係者の課題も意識する

　課題特定フェーズの重要性は、これまでの章でも言及した通りです。何をやるか、どうやるか、どうなったらゴールか ──これらは全て、課題を何と置くか次第です。ただし、ユーザー企業と開発チームでは、立場が異なると課題認識も異なります。そのため、課題特定フェーズで、解決したい課題や目的の認識を合わせる際は、それを課題だと感じる背景まで、ぜひ踏み込んで頂きたいと思います。

　例えば、アラートが多い、という事実ひとつとっても、立場の違いから、課題認識は下記のように異なるかもしれません。

- ● ユーザー企業にとっての課題
  - □ 重要アラートが埋もれ、サービス復旧のリードタイムが長くなる
  - □ アラート監視が従量課金制になっており、コストが嵩む
- ● 開発チームにとっての課題
  - □ アラート対応業務で開発作業が中断し、生産性が下がる
  - □ 問題なのは量ではなく質であり（例：アラートメッセージに付与される情報が乏しい）、対処に手間がかかる

このように見ると、どれが正しい、間違っている、というものではないことがわかります。確かに、財務インパクトの大きさで比較すると優劣がつくかもしれませんが、大事なのは、立場の違いと、それぞれ大切にしていることを理解することです。ぜひ、その違いを理解することから始めてみてください。

協同を引き出す声かけ
「なぜそれが課題だと感じているんですか」
「それを課題だと感じるのは、何を大切にしているからですか」

---

7 アラート・問い合わせの分類と処置で短期効果を目指す

アラート／問い合わせの総量と内訳がわかると、改善するポイントと余地が見えてきます。特に、不要なアラートを削減することで短期的な成果が出やすいので、ここに課題があるなら真っ先に取り組みます。

事前	システム障害対応の課題特定
1カ月目 大事な障害 対応に集中 できるように	第1週：アラート・問い合わせの洗い出し
	第2週：アラート・問い合わせの分類
	第3週：「対処不要」なアラート・問い合わせの特定と処置
	第4週：「定型」的なアラート・問い合わせの特定と処置
2カ月目 障害対応を うまく 捌けるように	第5週：システム障害発生時のアクション定義
	第6週：アクション決定への判断情報と基準の定義
	第7週：アクション実行の役割と権限の定義
	第8週：頻出アクション・判断情報と基準の効率化
3カ月目 大規模障害へ 備えるために	第9週：大規模障害の定義とエスカレーション
	第10週：大規模障害時の体制構築
	第11週：コミュニケーションルールの制定
	第12週：システム障害対応訓練と振り返り
継続	継続改善のための役割最適化

■■▶ この章のポイント

　本章では、インシデントの発生源であるアラートと問い合わせを中心に
扱います。

　筆者が同業の方々と意見交換をしている中で、月間で数千から数万、最
大で数十万アラートを処理しているチームがありました。システム障害対
応の改善をするには、まずチームの担当者が処理できる数になるように、
アラートの削減を行います。無駄なアラートが多いチームにとっては、即
効性のある効果が得られます。

　さらに、アラートへの対処要否の分類と、誰でも対応できるようにする
ための標準化を検討していきます。

　1カ月目はアラートの数を減らし、アラートと問い合わせを分類し、そ
れぞれの最低限の対処を整えます。

■■▶ この章の考え方

　本章を進めていく上で理解して頂きたいのは、①「対症療法」でも効果
はある、②「事前設計」ではなく「事後対処」する、という考え方です。

▶ ①「対症療法」でも効果はある

　これから実施する1カ月目の改善は「対症療法」です。

　本来は、アプリケーションを修正すべきところを、即効性優先で回避し
ています。

　費用対効果や、チームのリソースを考えると、対症療法が現実的である
ことはあります。特に、リリースから長期間経過していたり、何らかの理
由でアプリケーション・アラートメッセージ設計の修正が極めて難しいシ
ステムでは、アプリケーションを修正するより、アラートレベルを変更し
たり、運用上で無視する方式で回避せざるを得ない場合があります。

▶ ②「事前設計」ではなく「事後対処」

　本来であれば、初期構築の設計で、「アラートメッセージ一覧」と、そ
れへの対処方針があるべきです。ですが、このような一覧は後回しになる
ことが多々あります。また、全てが全て、予測されたアラートばかりでは

ないので、どれだけ時間をかけても完成しない、という特性もあります。

　そのため「事後対応」として、対処不要なアラート一覧を作ったり、アラートが出たときの対処一覧を作ったりしていることが多いのではないでしょうか。

　この考え方を念頭に置くと、「頻出のアラートから順に優先して対処を考える」ことや、「重要度が高いものから対処を考える」ことがポイントになってきます。もし、重要度の低いものも含めてアラートメッセージ一覧を整備したら、時間がかかってしまい、効果が感じられず、改善が進まなくなってしまいます。

解決できる課題

　本章で解決できる課題は以下のようなものです。

- ● 大量のアラートで困っている
- ● 夜間の電話が多くて寝られない
- ● エンドユーザーや顧客からの問い合わせ対応に時間がかかる
- ● 無駄な作業が発生している
- ● システム監視・インシデント管理に工数が多くかかっている

　例えば、金融・官公庁のシステムは、システム改修の難易度やプロセスによって気軽な変更は難しく、運用でカバーしているケースが多いようです。また、そうでなくても、保守運用の整備が追いついていない方もいらっしゃると思います。そのような方々は、ぜひこの章から取り組んでみてください。

この章の注意事項は？

▶ 全てを改善対象にしようとしないこと

　アラートと問い合わせへの対処は、数が多いと時間がかかります。ここで重要なのは、**数が多いもの、影響が大きいものに注力して、全てを改善対象にしようとしないこと**です。少しでも前に進むことが重要です。

▶ 精度に濃淡をつけること

アラートと問い合わせに対して、分類したり、分類ごとの影響をしっかり見定めたりするには時間がかかります。特に、後述する重要度と緊急度の考え方が定まっていない場合は、この段階では厳密に考えず、自分の基準や、本書に書かれている基準を参考に仮決めして進めてください。

最終的に運用を始める前には、組織として認識を揃える必要がありますが、この第1週では、**改善すべき点を定量的に説明できること**を目指せばOKです。仮でもいいので、「対処不要なアラートの削減に着手します。これは全体のXX%を占めます」という点がわかれば問題ありません。

▶ 簡単で効果が大きいところ「だけ」を目指すこと

システム障害対応の改善は、重要度は高いものの緊急度が低いことから、後回しにされやすいです。だからこそ、**「一歩でも改善が進んでいること」**を現場や関係者が実感できるようにしていきます。

効果が大きそうで、また簡単にできる内容を見定めて取り組みを進めてください。一度結果が出ると、現場の余裕が徐々に生まれますし、それを見た関係者も応援してくれて、前に進みやすくなります。

まだこのような課題の改善を経験したことがない方は、実感が湧かないかもしれません。もし取り組もうとされる場合は、これまで触れたような注意点を意識しておいてください。

それでは、1カ月目の改善に入りましょう。

アラート・問い合わせの洗い出し

1 カ月目 大事な障害 対応に集中 できるように	第 1 週：アラート・問い合わせの洗い出し
	第 2 週：アラート・問い合わせの分類
	第 3 週：「対処不要」なアラート・問い合わせの 特定と処置
	第 4 週：「定型」的なアラート・問い合わせの特 定と処置

■ この週の目的は？

この週は、**インシデントにつながる事象をできる限り見落とさないように**することが目的です。できる限り網羅的、かつ効率的に洗い出しを行います。

後続の週で、洗い出したものを対象に、分類と対処を決定していきます。

■ この週では何をするのか？

システムから上がるアラート、エンドユーザーや社内から上がる問い合わせを極力漏れないように洗い出す週です。

▶「アラート」の洗い出し

まず、アラートはシステム監視ツールやインシデント管理ツールに蓄積されているはずなので、それを一覧にします。後続タスクで、この一覧を分類し、改善ポイントを見つけるためです。

具体的には、皆さんが普段使っているシステム監視ツールやインシデント管理ツールからダウンロードしたり、Slack や Outlook にあるアラート受信などを一覧化してみることです。

ここでは網羅性が高いことが重要なので、多少重複があったとしても使っている全てのツールから集めることが重要です。

▶「問い合わせ」の洗い出し

　次に、システムでなく、人が気づいた問い合わせによる障害連絡を洗い出して一覧化します。社内外ともに対象です。

　チーム外との接点やチャネルが多い場合、例えば、電話受付、Web 受付、メール受付、チャット受付、担当営業からの声などがあれば、それらも含めて洗い出していくと、抜け漏れを防げます。

　具体的な方法としては、問い合わせ受付用のサービスデスクやヘルプデスクツールがあれば、そこから一覧をダウンロードします。他にもチャットやメールの履歴をスクロールして見ていきます。「こんなのあったなぁ」というのが思い出せるはずです。

▶ 記録に残らない問い合わせの洗い出し

　さらに、記録に残らない問い合わせを洗い出して一覧化します。例えば、障害が発生しても影響が軽微などの理由で記録せず完了にしたり、担当者が即座に対応して終わらせたりしたものなどが対象です。

　こちらの洗い出しは難しいのですが、頻度が高いもの、印象に残っているもの、知っていてほしいもの、などについて担当者に聞いてみます。

　記録されていないものこそ洗い出すことが大切です。**「問い合わせを受けたのに記録せずクローズしているものがあるか」**と聞いてみるとよいでしょう。

　筆者の現場では、IT サービスの顧客から保守運用担当者や営業担当者が電話を受けて、その場で答えて、記録をせずにクローズしてしまうものが週 2、3 度ありました。

　この「見えない問い合わせ」は網羅的に洗い出すのは難しいのですが、頻度が高いものだけでも洗い出すと、改善が可能になります。当たり前のことですが、見えないと改善できないからです。

　ご自身のチーム有識者の方、顧客やエンドユーザーと直接電話されている方、営業担当者など、幅広くヒアリングを実施してみてください。

　　具体的には以下のような質問をしてみてください。

● 最近、記録せずに対応した障害対応はありましたか？
● 頻度は高いけれど記録が残りづらい障害対応はありましたか？

- 記録には残りづらいけれど共有したいものはありますか？
- 頻度は低いが重要な障害連絡はありましたか？
- 個別組織とのホットラインのような特別な連絡ルートはありますか？

これにより、例えば、

- 「些細な不具合であり、エンジニアが即時対処できるので（例：定型コマンドを打つだけ）、記録する手間を惜しんでいた」
- 「手順化すれば対処できるが、その暇がなく自分で抱えていた」
- 「仕様通りの動きで業務上も問題ないが、画面やマニュアルに一言書くだけで問い合わせが激減しそうと感じていた」

といった事象が浮かび上がってくるかもしれません。

　うまくいっているのは実は特定のベテランのおかげだった、といった事実が見えてくれば、改善次第でその方の負担も減らせますし、組織の持続性にもポジティブな影響があります。

この週のチェックポイントは？

▶「アラート」が洗い出せたか

　この週のチェックポイントとしては、まず、洗い出しで漏れているアラートがないかチェックします。

　例えば、特殊対応、個別対応、季節性のあるものがないかを確認します。具体的には以下のような確認をしてみてください。

- 個別監視しているアラートは洗い出せていますか？
- 他チームから受け取るアラートは洗い出せていますか？
- 年末年始、月末月初など特定日に発生するものは洗い出せていますか？
- 処理のピーク日・メンテナンス日など特定日に発生するものは洗い出せていますか？

▶「問い合わせ」が洗い出せたか

　さらに、洗い出しで漏れている問い合わせがないかチェックします。

例えば、関係者のうち、普段と異なるチャネルで問い合わせを上げる可能性のある方や、その問い合わせに対応する方、重要顧客、経営陣、広報担当、セキュリティ担当、外部監査担当などに、問い合わせが来たことがないか、確認します。

　具体的には、以下のような質問をしてみてください。

● 普段あまりコミュニケーションをとらない相手からの問い合わせは、洗い出せていますか？　例えば、重要顧客・経営陣・広報担当・セキュリティ担当、外部監査担当などです

▶ 記録に残らない問い合わせを洗い出せたか

洗い出しで漏れやすい、記録に残りづらいものがないかチェックします。

　例えば、電話、口頭、メール、チャット、郵送、FAX です。ビジネスの形態によっては、SNS の口コミも見るべきケースがあるかもしれません。

　具体的には、以下のような質問をしてみてください。

● あまり使わないコミュニケーションツールからの問い合わせは洗い出せていますか？　具体的には、普段あまり使わないチャットツール、他には口頭伝達、ショートメッセージ、郵送書類、FAX などです

◀ 🤝 協同ポイント 2：関係者に見えづらい問い合わせも意識する

　アラートや問い合わせを網羅的に洗い出すことで、組織を超えた改善ポイントが浮かび上がってきます。

　このとき、アラートは開発チームで全量把握しやすいですが、問い合わせについては、開発チームが閲覧できるトラッキングシステム（Redmineや Backlog など）には致命的なものしか登録されないことが多々あります。

　例えば、こんなことが起きていないでしょうか。

● システムのバグか、バグではないものの機能不全により、エンドユーザーの UX を損なっている。しかし、サービスデスクや問い合わせ対応部門が、そういうものだと思い込んで、運用でカバーしている

● かつて開発した機能が業務変化に追いついておらず、無理やりな運用でカバーしたり、エンジニアが対応すると5分で終わる作業を毎週1時間かけて対応したりしている

　そんなときは、ユーザー企業内のサービスデスクや問い合わせ対応部門までスコープを広げられないか、検討してみてください。

　このような現象は、開発チームとユーザー部門との関係性が希薄な場合に起きやすいです。ただ気づいていないだけ、という場合も多いです。

　確かに、アラートを減らすほうが即効性があるのですが、問い合わせを減らすと、そもそもユーザー部門が困らなくなりますし、問い合わせを受ける開発チームも楽になるはずです。

　開発チームとユーザー部門が遠い場合は、ユーザー企業側が一肌脱いで、間を取り持ってつなげたり、間に立って問い合わせを収集したりしてみてください。

協同を引き出す声かけ
「毎回、仕方ないと思って諦めているユーザー問い合わせはありますか」
「開発チームに質問する前に、手前で捌いている件数は多いですか」

1 カ月目 大事な障害 対応に集中 できるように	第 1 週：アラート・問い合わせの洗い出し
	第 2 週：アラート・問い合わせの分類
	第 3 週：「対処不要」なアラート・問い合わせの 特定と処置
	第 4 週：「定型」的なアラート・問い合わせの特 定と処置

この週の目的は？

この週は、洗い出したアラートと問い合わせを分類して、**改善すべき点を定量的に把握すること**が目的です。

どこにどのような改善の余地があるか、関係者に説明したほうが当然進めやすくなります。現場メンバーが改善したいと思っていても、マネジメントの立場からすると、効果の見込みが気になります。

この週で分類をして、効果がある点を説明できるようにしてください。

この週では何をするのか？

この週では、洗い出したアラートと問い合わせを分類していきます。

▶ 対処の要否／難易度で分類

まず、洗い出したアラートと問い合わせを、対処の要否・難易度別に分類します。分類を通して障害の全体像を把握するためです。

本書としてはこの分類で改善の説明をしていきます。チームによっては異なる分類をしているかもしれませんが、その場合は読み替えてください。

図 7-1 のように、全数がどのように分類されるのか可視化すると、改善度合いが定量的にわかってきます。簡易／複雑の分類方法については、第4 週で解説します。

図表 7-1 システム障害分類図

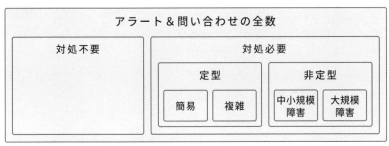

▶ 重要度／緊急度で分類

次に、アラートや問い合わせの中でも、特に優先すべき障害を重要度と緊急度に基づいて分類していきます。

この分類によって、改善着手の優先度を決めやすくなり、また、改善の抜け漏れ確認にもなります。この分類をする効果は、それによって認識を合わせられることです。

この分け方は、システム障害の分類としては、比較的よく見る手法です。皆さんの現場で障害が発生したら、その障害はどのようなレベルなのかを判定し、それによって、対処するスピード感に緩急をつけていることも多いのではないかと思います。もしすでにそのような判定基準がある場合は、それも参考にしてください。

ところで、緊急度はわかりやすいのですが、重要度については、何らかの軸がないと分類しづらくなります。基本的にはサービス影響の大きさで見ることになりますが、例えば、ユーザー企業、開発チーム、管理者、営業など、関係者が気にすることはそれぞれ異なります。ユーザー企業はサービス影響を気にしますし、開発チームはバグの影響範囲を気にするかもしれません。この分類をする効果は、それによって認識を合わせられることです。

図表 7-2 重要度／緊急度の分類例

障害レベル基準	重要度	緊急度
高	・大人数のユーザーに影響がある。 ・クリティカルな業務（企業間決済や人身に関わる）に影響。	・影響がすでに出ている。 ・影響が拡大している。
中	・限られた業務に影響あり。 ・クリティカルではない業務にのみ影響。	・影響が出ているが回避する手段がある。 ・影響が出るまでに時間がある（そのサービスを利用する業務が翌日など）。
低	・ユーザー影響なし。	・影響が出ておらず、今後出る可能性が低い。

出典：木村誠明『システム障害対応の教科書』技術評論社
「5.3 障害レベル管理表」「障害レベル管理表の例」を参考に作成

▶ **特に重要な障害を特定**

重要かつ緊急と分類された障害の中でも、チームとして特に重要な障害を特定しておきます。

また、管理者に改善実施を承認してもらう必要がある場合は、管理者が覚えていたり印象に残っていたりする障害を把握できていると、説明しやすくなります。

■ この週のチェックポイントは？

▶ **対処不要／対処必要の割合に違和感がないか**

この週のチェックポイントとしては、まず対処不要／対処必要を分けることで、大まかに、それぞれ何 % 程度なのか、その数字に違和感がないかを確認します。例えば、アラートの総数を 100% として、実感としては対処不要が 90% だと思っているのに、やってみると 50% くらいだった、などと差がある場合、何らかの認識違いが起きていることになります。

1 つずつの確認はできなくても、関係者同士で大まかな割合の意識合わせをすると、大きくずれていることが多いです。現場メンバーは対処が必要と思っていたものが、管理職やユーザー企業から見ると対処不要だと思っていた、という場合、お互い違和感を持つことになります。これは、認識を合わせる機会として考えます。どちらが正しいかではなく、お互いの意識を合わせることが重要です。

▶ 重要度／緊急度の定義と分類に違和感がないか

　同じく、重要・緊急なものと、そうでないものの割合に違和感がないことをチェックします。

　違和感がある場合、定義に問題があるか、分類に意識のズレがあるか、そのどちらかになるので、順番に見ていきます。

　重要度／緊急度の定義と分類を通して、何を重要と考えるか、緊急と考えるか、という会話を行うことで、関係者間の意識のズレに気づけます。ズレがあれば対話をして、どうしてそうなったのか、自分はどう思っているかを伝えて意識を合わせていきます。

▶ 特に重要な障害を特定しているか

　最後に、誰もが知っている過去の障害や、再度起こしてはならないような障害など、チームとして重要な障害を押さえているかチェックします。

　現場、管理者、ユーザー企業など様々な立場で、重要だと思っている障害は違うものです。

　現場は、自分自身が大変だった障害や自ら起こしてしまったものを重要と考え、開発チームの管理者は、オペミスなど恥ずかしくて二度と起こしたくないような障害を重要と考えるかもしれません。また、ユーザー企業はサービス影響が出たものを重要と考えます。

　1つの軸だけで重要か重要でないかの判断をせず、関係者間で重要と感じるかどうかは違うという前提で、関係者それぞれの「重要」に向き合ってみてください。そのようにすると、関係者のモチベーションを上げやすくなります。

　なお、この第2週においての重要／緊急の分類は、前述の通り改善の着手優先度を見極めるためのものです。まさに障害が発生したときの対応レベル判定については、3カ月目のChapter 9（第9週）のコラムで紹介します。

協同ポイント3：関係者の「重要」に向き合う

　重要度と緊急度の認識は立場によって異なるため、それを尊重することが大事です。改善は多くの関係者を巻き込まないと進みにくいためです。

　ここでは、あくまでも改善の着手優先度を考えているだけですから、関係者で共通の尺度を作ることに固執する必要はありません（共通の尺度が

必要になるのは、障害が起きたときの対応レベル判定においてです）。

　しかし、関係者ごとに重要と感じるポイントが異なっていては、いったいどうやって重要度を決めればよいのだろう、という葛藤が起きます。

　こんなときは、各組織が感じるまま評価してもらいます。その上で、多くの関係者が重要だ、と思うアラートや問い合わせをあぶり出していきます。

　例えば、図表 7-3 のように素点評価をします。

図表 7-3　素点評価表

#	内容	対応工数	オペミス	サービス影響	合計
1	事象 A	2	0	0	2
2	事象 B	3	3	1	7
3	事象 C	1	0	3	4
4	・・・				

　結果として、No2 が改善の優先度が高そうです。No1 は、障害が起きたときの対応工数はかかっているがサービス影響はないので、No3 のほうを改善しよう、といった議論もできます。また、サービス影響が 3 の場合は先に改善するといった判断もあるでしょう。

> 協同を引き出す声かけ
> 「普段、特に何を大事にして業務を遂行されていますか」
> 「制約がなかったら、どんなアラートや問い合わせを撲滅したいですか」

第3週　「対処不要」なアラート・問い合わせの特定と処置

1カ月目 大事な障害 対応に集中 できるように	第1週：アラート・問い合わせの洗い出し
	第2週：アラート・問い合わせの分類
	第3週：「対処不要」なアラート・問い合わせの 特定と処置
	第4週：「定型」的なアラート・問い合わせの特 定と処置

■ この週の目的は？

　この週は、**対処するアラートや問い合わせの数を減らして、対処が必要なものに集中できる状況にすること**が目的です。

　最終的には、サービスの中断や品質低下を起こさないようにしたいのですが、無駄な対応で時間がとられてしまうと、見落としが発生し、必要な対応に時間がとれません。無駄なものを特定し、処置を行って、必要な対応に集中できるようにします。

図表7-4　システム障害分類図（対処不要）

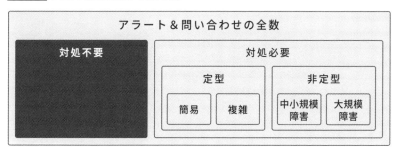

■ この週では何をするのか？

　この週では、対処不要と分類したアラートや問い合わせに対して処置を考えます。

▶ 対処不要なアラートの特定

　まず、アプリケーション改修や監視設定変更ができておらず、対処不要なのにアラートとして出ているメッセージを特定します。一般的に対処不要なアラートが多い場合、簡単に無駄な作業が減らせるので、ぜひ取り組んでみてください。具体的には、アラートのメッセージ修正をしようと思っていたが結局長年放置されているものや、過去の習慣でチェックを行うことになっているが実態は無意味なものなどです。

　アラートを抑止したい、メッセージ内容を変えたい、と思っても、やりたくともできない、という場合もあります。また、やろうと思えばできるが、年に数回程度の頻度だからあえて放置する場合もあるかもしれません。それらがわかるようにしておくのも有効です。別のタイミングで再度棚卸しをする際、同じようなことに時間をかけなくて済むからです。

▶ 条件付き対処不要アラートの特定

　次に、条件付きで対処不要とできるアラートを特定します。少しでも対処不要にできるアラートを増やすためです。具体的には、タイムアウトなどで 10 分以内に 3 件以下ならば対処不要、とか、Link down と Link up の順の組み合わせでアラートが発生していれば対処不要、などです。

　表に例を記載しますので、参考にしながら条件付き対処不要を特定してください。

図表 7-5 条件付き対処不要アラートの例

条件	例
特定時間帯	日替処理時にだけ必ず出てしまうエラーだが、日中発生すると対処必要。
一定時間内・一定回数以下	タイムアウトが 10 分以内に 3 回以下なら問題なし。超えると対処必要。
併発・組み合わせ	ジョブの異常終了かつエラーコードが○○なら対処不要、他ならば対処必要。

▶ 対処不要アラートの処置

　最後に、対処不要なものが出ないように、アプリケーション改修や監視設定の修正を計画します。

対処不要なアラートはそもそも出ないようにすべきなので、本来はアプリケーション改修か、アラートのメッセージレベルの変更、最低でも監視定義の修正をすべきです。しかし、それも難しいようであれば、条件を明確化して周知するようにします。

　ところで、アラートを抑止したくてもできない事情もあると思います。そのような事情があれば仕方がないのですが、対処不要なアラートを放置すると、悪い意味でアラートの量に慣れてしまいます。本当に対処が必要なものが埋もれると、サービス影響が出たり、エンドユーザーに迷惑をかけたりする事態につながりかねません。対応工数の削減も重要ですが、そのようなことが起きていないか、注意を配ってください。

◤ この週のチェックポイントは？

▶ 対処の要否判定に違和感がないか

　この週のチェックポイントとしては、まず、対処不要と分類しているが、本当は何か対処をすべきアラートが含まれていないか確認します。実は対処不要なのではなく、単に何もできていないだけかもしれません。

　対処不要とすると、今後一切見えなくなってしまいます。保守運用の現場のうち、ミスの許容度が低いサービスを扱っている現場は、リスクを冒してまで曖昧なものを対処不要とする必要はないです。

▶ 手法と効果のバランスがとれているか（過剰になっていないか）

　分類ごとの対応を考える際に、アプリケーション改修や監視設定変更のうち、難易度が高い手法に執着していたり、逆に踏み込んで対策すべきなのにアラートを抑止してしまっていたりするものがないかチェックします。

　関係者によって、対処不要なアラートにどう対応すべきかという認識は異なります。現場担当者は、自分の手間が少なくてリスクが低いものを選び、管理者は、根本対応を意識しています。どちらが正しいということはなく、かける手間と改善効果のバランスをチェックします。

▶ 対応を放置しているアラートがないか

　担当者は対処不要だと考えているが、「何かすべきなのにやっていない」だけのアラートがないことも確認します。例えば、「CPU 使用率 80%」と

いうアラートは毎日出ているからという理由で、対処不要にしているパターンです。本来は、適正な閾値を設定したり、何らかの正常性を確認してから完了としたりすべきものですが、毎日出ているとだんだん麻痺してきてしまい、このように処置を誤っている可能性があります。

協同ポイント４：関係者視点でも不要の意識を合わせる

　アラートや問い合わせを分類した結果、対処不要とするカテゴリを決めることで削減効果が出るわけです。また、監視の閾値が不適切な場合もあります。このとき、これらを思い切って「不要」と判断できるかどうかが問題です。立場によっては、判断しきれない場合があります。

　例えば、このような観点で、判断が鈍ります。

- ユーザー企業：閾値を下げればアラートは減るけれど、気づくのが遅れたり、致命的なものを取りこぼしたりするのでは、と心配になる
- 開発チーム：あるシステムのこの挙動は不具合ではない、として問い合わせをクローズしたいけれど、そんなことを言い出すと仕様認識の齟齬が生じて揉めてしまうのでは、と心配になる

　このような心配は、チーム内でヤキモキしても解決しません。ですので、ユーザー企業と開発チームのそれぞれが、なぜこれを不要と判断するのか、対話によって解決する必要があります。監視の閾値も、適切に設定すれば取りこぼすことはないでしょう。開発チームの持つ専門知識や豊富な経験に基づいて、ユーザー企業の担当者に丁寧に説明することが重要です。

　一方、不具合かどうかの線引きについては、開発チーム、特にSIerから言い出すことは立場上、なかなか難しいものがあります。もちろん、譲れないものまで諦める必要はありませんが（請負契約に抵触する場合など）、少なくとも、言い出しやすいのはユーザー企業からです。改善したいなら、少なくとも曖昧にするより明らかにしたほうが前進できます。

協同を引き出す声かけ
「アラートを減らすにあたり、心配ごとやわかりにくい点はありますか」
「実は不具合とは言えないと感じている問い合わせはありますか」

| 第4週 | 「定型」的なアラート・問い合わせの特定と処置 |

1カ月目 大事な障害 対応に集中 できるように	第1週：アラート・問い合わせの洗い出し
	第2週：アラート・問い合わせの分類
	第3週：「対処不要」なアラート・問い合わせの 特定と処置
	第4週：「定型」的なアラート・問い合わせの特定と処置

この週の目的は？

　この週は、**対処必要となっているアラートや問い合わせのうち定型的なものに対し、標準化・自動化などによってベテランへの依存度を下げ、対応を迅速化すること**が目的です。

　対処不要なものに比べれば、難易度は上がります。しかし、無駄な対応の時間がとられると業務効率も落ち、オペミスによる品質悪化を誘発するかもしれません。このような定型的なものを特定し、処置を行って、必要な業務に集中できるようにします。

図表7-6 システム障害分類図（定型）

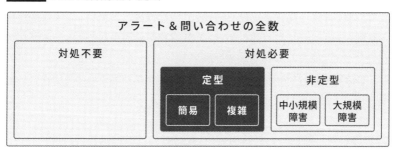

113

この週では何をするのか？

この週では、対処必要で定型的なアラートや問い合わせへの処置を考えます。

▶ 定型／簡易作業の特定

まず、定型的で簡易に作業が行えるものの特定を行います。簡易なものを特定し、標準化を検討するためです。

定期的に発生し、当たり前になってしまっているもの、誰かに委託してずっとやり続けてしまっているものはないでしょうか。

すでに定型的に行えるようになっていると、課題だと感じなくなりやすいですが、改善対象と認識し、標準化や自動化をすると、新たに時間的余裕が生まれるはずです。

例えば、夜間のバックアップ処理「Disk超過」の警告メッセージが毎回出てしまい、都度、Disk容量を確認することになっているような場合です。

▶ 定型／複雑作業の特定

次に、ある程度は定型的だがベテランの知識に頼るような複雑作業の特定を行います。複雑なものを特定し、標準化するか、または誰かに作業移管できるものがないか検討するためです。

例えば、毎回特定の人だけがやることになっている作業があったり、今までの慣習から「若手は定型で簡易な作業を実施、ベテランが複雑な作業を実施」という形になってしまい、複雑な作業を若手がやらないような状況になっていたりしないでしょうか。

これを機会に、ベテランの協力を得ながら、作業特定を進めていきましょう。

▶ アラートや問い合わせへの対応標準化

最後に、対処必要なものへの対応を標準化します。これにより1回あたりの対処の手間を減らすためです。

これは、特定メンバーでやるよりも、複数で対応できるようになれば、

迅速化が進みます。標準化によって、若手を含め複数メンバーができるようにします。対処を自動化できるとさらに速くなります。

　ベテランや有識者に頼っていると、保守の持続性が損なわれてしまうので、対応できるメンバーを増やすことが重要です。そのためにも、定型的な対処でも簡易なのか複雑なのかを把握することが第一歩となります。

　以下の例を参考にしながら、標準化を考えてみてください。

図表 7-7　標準化の例

条件	例
定期共有会	週1回、最近あった対処を説明してもらう。聞いた若手がまとめることでベテランの負荷が下がる。
手順化	過去対応した内容を手順化する。実施ログや対応時の確認者がいると手順化しやすい。
自動化	対処をスクリプト・シェルなどで自動化する。

この週のチェックポイントは？

▶ 定型化すべき対象として適切か

　対応方法が確立していれば、他メンバーへの移管（委譲や外部委託化）を目指せますが、条件や場合によって処置方法が変わってしまうものもあるでしょう。この週のチェックポイントとして、そのようなものがあるかどうかを見直します。柔軟な対処が求められるようなケースです。

　例えば、今まで保守担当者が柔軟に対応していたものであっても、外部へ委託すれば、決まった手順通りでの実行となります。手順通りにすることでオペミスは減りますが、一方で不測の事態には対応できなくなるので、そのようなことが起きるパターンがないことを確認します。

　また、サービスの成長や維持につながる価値のある作業なのかどうかも確認します。

　手順化して他メンバーに移管することで、ベテランの稼働が確保されることに価値があるなら実行すべきでしょう。しかし、なくしてもいい作業まで手順化していないかを見直します。

▶ 分類が適切か（異なるものを同一視していないか）

第2週ではアラートを分類し、第4週で定型作業を抽出しています。この際、同じアラートでも、サービスやシステム構成などの違いで、異なる定型作業に分類すべきものがないか確認します。

例えば、CPU 使用率 100% というアラートは、アラートメッセージ上は1つに分類されますが、冗長化されている Web サーバーの CPU 使用率 100% と、DB サーバーの CPU 使用率 100% は意味合いが違います。この場合は、定型作業と言っても、対処の仕方が異なります。

また、OS が違うと、CPU 使用率を示す際に出力されるアラートが違っても対処は同じということもあります。様々な角度で適切な分類を探してください。

▶ 開発品質のほうが課題になっていないか

そもそも、アラートが出ること自体が正しくない場合もあります。これは、アプリケーションを修正する必要があります。Introduction で述べた通り、これは障害対応課題ではなく開発品質課題となります。本書のスコープからは外れるものの、とても大事な観点です。

その場合は、アプリケーション修正を検討することになりますが、修正したくてもできないケース、修正までリードタイムがかかり待てないケースも現実にはあるはずです。その場合は、この週のスコープに該当します。これまで述べてきたように、監視設定で抑止したり、対処を定型化して改善効果を得ます。

アプリケーションを修正すべきで、かつ対応可能な品質課題なのに、障害対応の課題だと取り違えないように気をつけてください。

COLUMN ベテランによる迅速な復旧か、できる人を増やす冗長化か

ベテランは経験値が多く、また担当システムへの理解も深いため、復旧スピードは最速です。しかし、それに頼り続けると、組織の持続性という課題が顕在化します。

とはいえ、基本的には、最速でシステム障害を復旧させるのが最優先です。エンドユーザーへ甚大なサービス影響が出ているにもかかわらず、育成のためだ、といたずらにリードタイムを引き延ばすべきではありません。

このような矛盾に直面したとき、皆さんの現場はどのように考えていますか？ あなたがリーダーだったら、どのように判断しますか？

この場合、どちらかに振り切るのではなく、両方を追い求め、矛盾の両立に知恵を絞るべきだと考えます。例えば、対策会議にベテラン以外のメンバーを同席させたり、同じコンソールを画面共有して判断と思考を話してもらいながら対応するのを見せたり、といったペアワークです。または、障害の重大度合いのレベルをあらかじめ決めて、一定レベル以下の障害は、ベテランがレビュアに回る、といった手法も考えられるでしょう。

ただし、あまりに特定人物への依存性が高い場合は、本人の病欠や転職がノックアウトファクター（事業が停止に追い込まれるような要素）になりかねません。リーダーやマネジメントの意思決定が前提ですが、一時的にエンドユーザーに迷惑をかけたとしても、対応できる人を増やすことを優先すべきときもあります。

現場の特性によって様々な固有解があるため、何か正解があるわけではありません。だからこそ定型的なものを可能な限り分類・特定して、標準化を目指し、次の章で言及する非定型なパターンに集中するのが、1つの現実解ではないでしょうか。

1カ月目のタスクのまとめ

週	#	タスク名	タスク内容
第1週	1-1	「アラート」の洗い出し	システム監視ツールやインシデント管理ツールに蓄積されているアラートを一覧にする。
	1-2	「問い合わせ」の洗い出し	社内外の関係者からの問い合わせによる障害連絡を洗い出し、一覧化する。
	1-3	記録に残らない問い合わせの洗い出し	記録に残らない問い合わせを洗い出し、一覧化する。
第2週	2-1	対処の要否／難易度で分類	洗い出した一覧を対処の要否／難易度別に分類する。
	2-2	重要度／緊急度で分類	洗い出した一覧を重要度／緊急度で分類する。
	2-3	特に重要な障害を特定	一覧の中でも特に重要な障害を特定する。
第3週	3-1	対処不要なアラートの特定	アプリの改修・監視設定変更ができておらず、対処不要なのに出ているアラートを特定する。
	3-2	条件付き対処不要アラートの特定	条件付きで対処不要とできるアラートを特定する。
	3-3	対処不要アラートの処置	対処不要アラートが出ないようにアプリ改修や監視設定の修正を計画、実施する。
第4週	4-1	定型／簡易作業の特定	対処必要なもののうち、定型的で簡易に作業が行えるものを特定する。
	4-2	定型／複雑作業の特定	対処必要なもののうち、ある程度は定型的だがベテランの知識に頼るような複雑作業を特定する。
	4-3	アラートや問い合わせへの対応標準化	対処必要なアラートや問い合わせを標準化する（例：定期共有会、手順化、自動化）。

1カ月目のチェックポイントのまとめ

週	#	チェック名	チェック内容
第1週	1-1	「アラート」が洗い出せたか	頻度の多いアラートや、よく触れるツールからのものは洗い出しやすいが、他にないか確認する（例：特殊対応、季節性のあるもの）。
	1-2	「問い合わせ」が洗い出せたか	社内関係者からの問い合わせが他にないか確認する（例：普段あまりコミュニケーションしない組織）。
	1-3	記録に残らない問い合わせを洗い出せたか	現場特有の、記録に残らない問い合わせが他にないか確認する（例：電話、口頭、メール、チャット、郵送、FAX）。
第2週	2-1	対処不要／対処必要の割合に違和感がないか	対処不要／対処必要を分けることで、大まかに、それぞれ何％程度なのか見えてくる。その数字に違和感がないかを確認する。
	2-2	重要度／緊急度の定義と分類に違和感がないか	同じく、割合に違和感がないか確認する。
	2-3	特に重要な障害を特定しているか	誰もが知っている過去の障害や、再度起こしてはならないような障害など、チームとして重要な障害を特定しているか確認する。
第3週	3-1	対処の要否判定に違和感がないか	対処不要と特定しているが、本当は何かをすべきアラートが含まれていないか確認する。
	3-2	手法と効果のバランスがとれているか（過剰になっていないか）	アラート抑止のアプリ改修や監視設定変更で、難易度が高い手法に執着していないか確認する。
	3-3	対応を放置しているアラートがないか	アラートに慣れてしまい、担当者が対処不要と誤った判断をしていないか確認する（毎日出ていると麻痺してしまい要否の判断を誤ってしまう）。
第4週	4-1	定型化すべき対象として適切か	条件や場合によって柔軟な対処が求められるものではないこと、サービス成長や維持につながる価値ある作業であることを確認する。
	4-2	分類が適切か（異なるものを同一視していないか）	アラートや問い合わせについて、表面的には同じに見えても、サービスやシステム構成の違いで、異なる分類にすべきものがないことを確認する。
	4-3	開発品質のほうが課題になっていないか	アラートや問い合わせが起きること自体が適切ではなく、アプリ修正のほうが合理的な状況の場合は、開発品質を課題設定する。

8 障害検知後の判断と アクション実行を効率化する

非定型の障害について、検知後のアクション定義、そのために必要な情報や判断基準、対応体制を整えます。そうすることで、非定型の障害をうまく捌けるようにします。

事前	システム障害対応の課題特定
1カ月目 大事な障害 対応に集中 できるように	第1週：アラート・問い合わせの洗い出し
	第2週：アラート・問い合わせの分類
	第3週：「対処不要」なアラート・問い合わせの特定と処置
	第4週：「定型」的なアラート・問い合わせの特定と処置
2カ月目 障害対応を うまく 捌けるように	第5週：システム障害発生時のアクション定義
	第6週：アクション決定への判断情報と基準の定義
	第7週：アクション実行の役割と権限の定義
	第8週：頻出アクション・判断情報と基準の効率化
3カ月目 大規模障害へ 備えるために	第9週：大規模障害の定義とエスカレーション
	第10週：大規模障害時の体制構築
	第11週：コミュニケーションルールの制定
	第12週：システム障害対応訓練と振り返り
継続	継続改善のための役割最適化

■■ この章のポイント

Chapter 7 では対処不要なアラートおよび定型的なアラートを扱いました。本章では、非定型的なアラートにおいて、連絡や復旧のアクションを中心に、アクション選択のための判断情報と判断基準を決定します。

どのような体制で、誰にどのような役割と権限を持ってもらうかを決めて、さらに、実行可能性を上げるための効率化までを行います。

システム障害対応時のアクションを定め、迅速かつ確実にできるアクションを 1 つでも増やすのが 2 カ月目の狙いです。

なお、1 カ月目の第 1 ～ 2 週で、過去のシステム障害対応の洗い出し&分類が終わっていることが前提になっています。もし 2 カ月目から読み始めた場合は、該当箇所に戻って取り組むか、または過去のシステム障害対応のうち、非定型的な事象の対応履歴だけ収集してください。

図表 8-1 システム障害分類図（非定型）

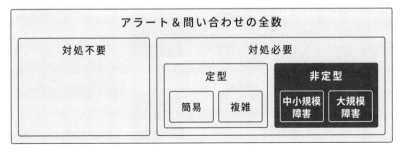

■■ この章の考え方

本章を読み進めていく上で理解して頂きたいのは、①連絡や復旧の「アクション」と「判断情報／判断基準」、②責任（Responsibility）／権限（Authority）／専門性（Expertise）／実行（Work）、という 2 つの考え方です。

▶ ①連絡や復旧の「アクション」と「判断情報／判断基準」

アラートや問い合わせなどのインシデントを受領した後、対処が必要だが定型的ではないものがあります。いわゆる、一般的な障害対応がこれにあたります。

このような非定型のアラート対応を行う際、頭の中でどのような思考をしているでしょうか。まず、事象把握ののち、どのように動くか、どんな連絡や復旧をするかという「アクション」の候補を複数列挙した上で、どのアクションを選択するかを決めることになります。そのためには、「判断情報」と、その情報をどう見るかの「判断基準」が必要になってきます。

図表8-2 連絡アクションの候補

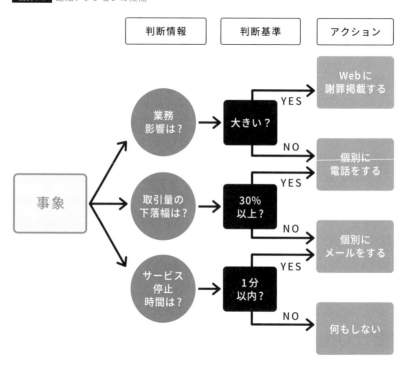

　連絡アクションの具体例の1つとしては、システム障害の発生について「Webに掲載する」です。他にも「個別にメールをする」「個別に電話をする」などもアクションの候補です。

　「判断情報／判断基準」の例としては、「トランザクションの減少が30%以上」「復旧見込みが15分以内」などがあり、これらの情報を集めながら、アクション候補の採択・棄却を順番に繰り返して、最終的にどれかのアクション候補を選択するという考え方です。

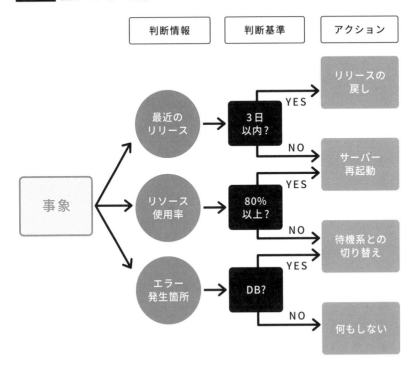

復旧アクションの具体例では、「問題となったサーバーを再起動すること」「障害原因となったリリースモジュールの戻し作業」などが「アクション」の候補になります。

「判断情報／判断基準」の例としては、「3日以内のリリース」「CPU ／メモリ／ Disk が 80% 超」「発生直後のエラーノード」などです。

システム障害対応時に重要なのは、緊急時にこの「アクションの候補」が浮かび、採択・棄却するために必要な「判断情報／判断基準」を持っていることです。

本章では以上のような整理を進めていきます。

▶ ②責任／権限／専門性／実行

システム障害対応のような緊急時は、急ぐ必要があります。このとき、責任／権限／専門性／実行の最適化が重要になってきます。

皆さんの現場でも「ユーザーへの一斉連絡は運用担当が実行するけれど、サーバーへの操作実行権限は保守担当にある」とか、「サーバーの再起動時に起こりうる影響についての責任はアプリケーション担当にあるけれど、専門性はアーキテクチャーチームにある」などの状況があるのではないでしょうか。

全ての責任／権限／専門性／実行を1箇所の組織に揃えるのは難しいことが多いので、高い頻度で使うアクションについてのみ、これらの整理をしていきます。整理の結果、例えば特定のアクションを実行する組織に権限を移譲する、といった打ち手が考えられます。それによって、障害対応の復旧までのリードタイムを短縮することができます。

解決できる課題

本章で解決できる課題は、以下のようなものです。

- **対処が決まっていないと障害対応ができない人が多くなってしまった**
- **未知のインシデントはベテランに頼ってしまっている**
- **引き継ぎの際のノウハウ継承が難しい**
- **人的ミスが多く発生してしまう**

主に、保守系の開発と障害対応を担っている組織で、こうした課題を持つ方が多いように感じます。

チームのシステム障害対応のレベルをアップさせたい、若手の育成が進んでいない、他組織から一次対応を引き継ぐ必要がある、という方におすすめです。

この章の注意事項は？

▶ 事象ではなくアクションの整理をする

システム障害対応の改善なのだから、過去事象の整理をすべきではないか、と思われる方もいらっしゃると思います。事象を集めること自体は間違っていませんが、被害が大きかったもの、改善したいものを集めた上で、事象ではなく、アクションに着目して整理してください。

例えば、学校や職場で火事が起きた場合、「3階の給湯室で火災が発生

した」「原因はガスの爆発事故だった」など、事象は様々な組み合わせにより無限に存在します。しかし、もし皆さんが学校の先生や職場のリーダーだった場合、とるべきアクションは「逃げろ！」と指示するのみです。

　事象ごとに整理しようとすると終わりがないですが、アクションの整理を進めると限られた数に収束し、改善につながります。

▶ 判断情報や判断基準は、量より質を重視する

　障害対応における情報収集は、量ではなく質が重要です。つい、多くの情報を集めようとしてしまいますが、整理しきれないまま集まった情報を関係者に展開しても、現場が混乱してしまいます。

　避難訓練に例えると、「火事が 15:00 に 3 階の給湯室で発生し、火の高さは 2 メートル」と言われると、情報が多すぎて、緊張状態で体は動かなくなります。ここで必要なのは「火事」が起きたから「逃げる」、これだけです。

　実は「情報を聞く側」よりも、「情報を出す側」が重要です。間違いなく関係者が受け取れる情報を、早く正確に出せるかが問題です。

　それでは、2 カ月目の改善に入りましょう。

2 カ月目 障害対応を うまく 捌けるように	第 5 週：システム障害発生時のアクション定義
	第 6 週：アクション決定への判断情報と基準の定義
	第 7 週：アクション実行の役割と権限の定義
	第 8 週：頻出アクション・判断情報と基準の効率化

この週の目的は？

この週は、**システム障害対応でよく使う、打つべきアクションを明確にして、共通認識を持てるようにする**のが目的です。

この週では何をするのか？

▶ 事象ではなくアクションに着目して一覧化

第 1 〜 2 週で「非定型」に分類したアラートや問い合わせに着目して、そこで行われた、または行うべきだったアクションの一覧化を行います。

非定型の対応も、誰かが何かのアクションを行っているはずです。そのときのアクションは何だったかを考えて、一覧化していきます。

過去のシステム障害対応の報告書、経緯、振り返りや、インシデント管理ツールなどに残っている記録などから、具体的にどのようなアクションをしているかを洗い出していきます。

具体的には、1 カ月目で洗い出して分類したアクションを、障害対応履歴や報告書などを見ながら絞り込んでいきます。

アクションの具体例としては、以下のようなものです。

● ユーザーへの初報連絡
● 関係者へのエスカレーション
● サーバー・プロセスの再起動
● モジュールの切り戻し
● 技術チームへの支援要請

● パッチ作業・バックアップ・データのリストア

▶ 頻出のアクションを選定

　整理したアクションの中で、高い頻度で使われるアクションを絞り込みます。選定した後、それを具体的に定義するためです。

　事象に着目すると、パターンがいくらでも出てきてしまいます。これでは絞り込みが進まなくなります。一方、アクションに着目すると、頻出のアクションが見えてきて、徐々に絞り込みが進んでいきます。

　まずは頻出するアクションを抽出して、それだけでも確実に繰り返し実施できるように、第一歩を踏み出してください。

　具体的には、アクション数の実行回数が多い上位3〜5個ぐらいを目安に絞り込んでいきます。加えて、実行回数は少ないが、チームとして誰でも実行できるようにしておきたいものがあれば抽出しておいてください。

　筆者の経験では、「ユーザー部門への初報連絡」「関係者への代替運用実施の連絡」「アプリケーション戻し」「サーバー・プロセスの再起動」「技術チームへの支援要請」が上位に来ることが多かったです。

▶ 絞り込んだアクションを定義

　絞り込んで抽出したアクションは、具体的には何をすることか、どこまでやるべきか、といった点について実際に手が動かせるレベルまで具体化していきます。これにより、実行しやすくするためです。

　ここで抽出したアクションは、誰でも対応できるようにしよう、というところまでは合意しやすいですが、具体化していくとだんだん意識ズレが起きていくものです。頻出するアクションは、チームの誰もが共通認識を持てるように整備します。

　具体的には、例えば「ユーザー部門への初報連絡」の場合、何の手段で、どの連絡先へ、どんな内容を、誰の判断で実施するか決めることです。他のメンバーが実際に実行できる内容になっているかを確かめておいてください。

　「サーバー・プロセスの再起動」の場合は、どんな前提条件で、対象のサーバー・プロセスのどれならば使えるアクションで、どのような手順で実行するのかなどを決めます。

アクションの例として、連絡は図表 8-4、復旧は 8-5 を参考にしてください。

図表 8-4 連絡アクション例

アクション	手段	連絡先	連絡内容	判断者
初報連絡	メール	A さん xxx@example.com	事象 サービス影響	チーム責任者 X さん
チーム責任者へ連絡	日中：チャット 夜間：電話	#Slack チャンネル名 B さん xxx-xxxx-xxxx	事象 サービス影響 調査状況	障害連絡を 受けた人
調査／復旧チームへ連絡	日中：チャット 夜間：電話	#Slack チャンネル名 C さん xxx-xxxx-xxxx	事象 サービス影響 調査状況	障害連絡を 受けた人
各事業部へ連絡	メール	メーリングリスト xxx@example.com	事象 サービス影響 調査状況	チーム責任者 X さん
セキュリティ部門へ連絡	メール	メーリングリスト xxx@example.com	事象 サービス影響 調査状況	チーム責任者 X さん
本社企画部へ連絡	メール	メーリングリスト xxx@example.com	事象 サービス影響 調査状況	チーム責任者 X さん

アクション	前提条件	手順	判断者
DB 同期実施	対象ログ確認後に、リトライ処理にて再実行されていない場合	X:¥aaa¥bbb¥c1.xls	アラート受領者
サーバー・プロセスの再起動	XX 確認手順にて、ステータス／サーバー LED の状態が NG の場合	X:¥aaa¥bbb¥c2.xls	チームリーダー
モジュール即時修正か切り戻し	リリース作業後の動作確認で NG が 1 点でもあった場合	X:¥aaa¥bbb¥c3.xls	チームリーダー
待機系サーバーへの切り替え	アラート内容 XX 受領後、動作確認で NG の場合	X:¥aaa¥bbb¥c4.xls	チームリーダー
技術チームへの支援要請	過去インシデント一覧に情報がなく、未知事象アラートであった場合	1. アラート内容を技術支援チームにチャット XX チャンネルへ投稿 2. 技術支援チームへ電話連絡(A さん 090-xxxx-xxxx)	アラート受領者
パッチ作業	XX 確認手順で追加情報登録作業が必要であると判断後	1.XX パッチ資材作成手順で準備 2.XX パッチ適用手順で反映実施	アラート受領者
バックアップ・データのリストア	XX 確認手順にて、どの状態まで戻すか確認後	確認作業後以下いずれかを実行 ・障害直前までのリカバリ手順 ・ある時点までのリカバリ手順	チームリーダー

■ この週のチェックポイントは？

▶ **他組織が担うアクション、目立たないアクションも抽出したか**

　この週のチェックポイントとしては、まず、例えば他組織が担うアクションや、目立たないけれど必要になるアクションも抽出できているかどうかです。

　他組織が担うアクションとは、例えばアクション決定に向けて、「Webの閲覧数」という情報は何度も必要になるが、開発チームに依頼しないと得られない、というケースです。それなら、依頼しなくても閲覧できるようにしてもらったり、定期的にメールで数字を送付してもらったりすれば済みます。

PART 3

CHAPTER 8

障害検知後の判断とアクション実行を効率化する

一方、目立たないけれど必ず必要になるアクションは、チームによって異なりますが、無意識にやっているものに改善余地があるかもしれません。例えば、障害対応に使用するコミュニケーションツールに、チャンネルを作成しているかもしれません。障害対応の後処理として、ログ保管や記録業務をしているかもしれません。これらは洗い出さない限りは改善もできないため、行動レベルで何をやっているか書き出すと気づける可能性があります。

▶ 頻出アクションが有用なものか

　次に、抽出した頻出アクションは、今後のシステム障害対応に使えるものであるか確認します。

　頻出のアクションは、多く使われているからこそ、改善効果が高くなります。ただ、冷静に見て「本質的に意味がないこと」が対象になっていないかを確認します。

　例えば、「特定組織への報告」を1時間に1度行う必要がある、というルールがあったとします。現場の負担が大きく、これが頻出のアクションとなっているとします。このとき、その特定組織は報告を実際に見ているのか、改めて確認してみてください。もし見ていないならば、頻度を落とすか、依頼があったら報告する、というように、アクション自体を見直すことで改善が進みます。

▶ チームの誰もが使えるレベルになっているか

　さらに、チームの誰もが使えるレベルまで、アクションが具体化、明確化できているか確認します。

　今回、アクションを定義する目的は、共通認識を持てるようにすることです。少なくとも、チーム内で経験年数が少ないメンバーでも理解できて、実行できるレベルを目指せるようにします。最低でも、内容を理解して、フォローしてもらえばできるレベルを目指すべきです。せっかく定めたわけですから、一部のベテランにしかできない状態は避けてください。

協同ポイント 5：関係者のアクションも意識する

　障害が発生したとき、対処として様々なアクションがとられます。

障害対応の先頭に立って進めている開発チームが行うサーバー再起動や
バッチのリランなど、復旧のためのアクションは比較的抽出しやすいので
すが、見えないところで、人知れずやっているアクションもあります。

　例えば、ユーザー広報や、問い合わせ部門が受け答えできるようにする
ための情報連携です。一定規模の障害となれば、開発チームも、統括部門
や上長へエスカレーションをしているかもしれません。

　しかし、障害発生時は有事ですから、そんなときに、今後何が必要です
か、などと丁寧に関係者に聞き回る暇はないことが多く、それよりも、い
ち早く復旧させてエンドユーザーに迷惑をかけないようにするのが優先で
す。

　であれば、開発チームとユーザー部門の双方が、平時のうちからお互い
のアクションに興味を持つところから始めてはいかがでしょうか。

　それが、たとえ自組織の都合だけで行われるアクションであってもです。
無駄なものは廃止すればよいのですが、そうでないなら、何か理由があっ
て、大切だからこそ、そのアクションをとっているわけです。

　そのようなお互いの事情を理解しておくと、いざというとき、そのアク
ションを想定して障害対応を進めたり、支援したりできる可能性が高まり
ます。例えば、ある機能の不具合がX時間を超えると代替運用を検討し始
める、ということがわかっていれば、その時間を超えそうかどうか意識的
に伝達したり、代替運用に必要な情報提供を事前に用意したりできる。

協同を引き出す声かけ

「実は、障害の裏でやっていることってありませんか」

「障害が起きたとき、手間のかかるアクションって何ですか」

障害検知後の判断とアクション実行を効率化する

2 カ月目 障害対応を うまく 捌けるように	第 5 週：システム障害発生時のアクション定義
	第 6 週：アクション決定への判断情報と基準の定義
	第 7 週：アクション実行の役割と権限の定義
	第 8 週：頻出アクション・判断情報と基準の効率化

■ この週の目的は？

この週は、第 5 週で選定した**重要アクションを、速やかに選択し実行に移せるようにすること**が目的です。

全社への障害連絡や Web サイトへの掲載など、アクションが決まっていても、いざ実行となると判断に時間がかかってしまうことが多いです。このとき、一部の重要アクションだけでも、簡易な条件が決まっていて、実行できるようにしておけば、判断を迅速化できます。

判断情報と判断基準を定めることで、速やかなアクション選択ができるようにしておきます。

■ この週では何をするのか？

この週では、前回決めたアクションの中から、採択や棄却をするために必要な判断情報、判断基準を決めていきます。

筆者がシステム障害の統括をしているときの話です。「とりあえず情報を出して！」とエンジニアにお願いした際、私が欲しかった情報は出てきませんでした。しかし、これには私にも落ち度がありました。

その落ち度とは、**どんなアクションの選択肢があり、どのような判断情報を、どのような判断基準で欲しいか**、を伝えられていなかったことです。

▶ どんな情報があれば判断できるかを定義

まず、アクションを採択、棄却するためにどんな情報が必要か、どんな情報があれば判断できるかを決めます。

第5週で抽出したアクションのうちどれを実行するか採択する際に、毎回必要になる情報は何でしょうか。

例えば、サーバーを再起動したければ、「該当サーバーの再起動実績」とか、「該当サーバーが処理しているトランザクション数」でしょう。エンドユーザーに一斉連絡するならば、「影響している業務」「影響しているエンドユーザー数」「復旧見込み」でしょう。

もしかすると、そのような情報だけでは決めきれず、「場合によるから、この情報では判断しきれない」と感じられたかもしれません。それでも、少なくとも、ほぼ毎回必要とする情報は定義できるのではないでしょうか。

定義した情報の取り方を決めておけば、システム障害対応に慣れていない人でも対応に加勢してもらえるようになりますし、自動化する余地も生まれます。

▶ どのような基準で見ればよいかを定義

次に、アクションの採択や棄却を決定する際に、決めた判断情報をどのような基準で見るかを決めます。

先ほどの「サーバーの再起動」というアクションを実行するか否かを決める際に、「該当サーバーのトランザクション数」が必要だとすれば、例えば「最長5分単位で、httpのリクエスト数の前週同日比」という基準が考えられます。

何も明示せず「該当サーバーのトランザクション数を知りたい」と情報取得を依頼すると、当日分しかもらえない可能性が高いです。最初から、当日と前週同日比の調査結果が挙がってくることはあまりないはずです。

だからこそ、判断情報が決まったら、さらにその値を**「どのような基準で見ればよいか？」**を決めておく必要があります。

なお、「エンドユーザーへの一斉連絡」というアクションについては、「復旧見込みの時間の決め方」を事前に決めておくことをおすすめします。

多くの場合、障害の発生を一斉連絡するだけではなく、おおむねどれくらいの時間で復旧するのか、見込みを連絡しているのではないかと思います。エンドユーザー対応をする中で、「復旧見込み」は重要な情報です。しかし、すでに自動復旧済みか、または、過去に実績がない場合は、エン

障害検知後の判断とアクション実行を効率化する

ジニアからすると答えづらい内容です。

　ここで、「一斉連絡」は発生から 15 分以内、というルールがあるならば、復旧見込みは**「15 分以内に復旧しそうか、それ以上かかりそうか」だけ回答を得れば足ります。**

　自動復旧していなければ 15 分はおそらく無理なので、「15 分以上かかりそう」と言われれば、一斉連絡をしてしまおう、という判断が下せます。

　このように、アクションに対して、どのような情報をどのような基準で見るか定義することは重要です。

▶ 必要な情報精度を定義

　最後に、アクションを採択するか棄却するかの判断情報について、どのぐらいの精度を必要とするかを決めます。

　システム障害が発生すると、エンジニアは、回答に 100% の自信が持てないことが多いです。100% の精度を要求したり、目指したりすると、時間がかかってしまいます。

　例えば、「該当サーバーの再起動実績があるかどうか」は、もし Web サービスが完全停止している状況であれば、実績有無は記憶ベースでよい、と決めて、その精度と責任は問わないようにすれば、アクションを採択しやすくなります。

　一方で、金融系のような、確実性が求められる IT サービスであれば、実際に再起動実績があり、似たような状況で実行しても問題なかった、という 100% の精度が求められることがあります。

　このように、アクションやサービスによって、求められる精度は変わってきます。事前に定義しておくことで、判断に必要な情報が集められるようになります。

■ この週のチェックポイントは？

▶ アクション決定は、その情報と基準で判断できるか

　アクションに関連しそうな情報を事前に決めたわけですが、今一度、本当に役立つ情報と基準か、確認してみてください。

　ありがちなのは、「よく収集する情報」「収集しやすい情報」になってしまっている場合です。しかし、その後のアクションにつながらなければ意

味がありません。アクションに対して、判断情報、判断基準、精度を決めた後に、本当にアクションの採択に役に立つのか、改めて見直してみてください。

そのためには、具体例をいくつか思い浮かべてみます。

先ほど例に出した、「最長 5 分単位で、http リクエスト数の前週同日比」であれば、「00:00-00:05 の間で、http リクエスト数が前週比 85%」と実際の数字を入れてみるイメージです。

この情報と判断基準で、アクションは選択できるでしょうか。実は、5 分単位で、最低でも 30 分間以上の情報がないと判断できない、ということがあるかもしれません。実際に仮の数字を入れると現実味が湧いてきます。

▶ アクション決定は、その情報精度で判断できるか

アクションの採択に必要な情報の精度について、その通りに本当に判断できるか、確認してみます。

具体例をいくつか思い浮かべてみましょう。

先ほど例に出した、「該当サーバーの再起動実績」の精度が、「記憶ベースでよい」と決めた場合、間違っている可能性もそれなりにあります。間違っていたときの影響はどの程度でしょうか。リカバリできる範囲にあるでしょうか。その許容度合いを確認しておきます。

▶ 過剰な精度を求めていないか

判断を正しく厳密にできるように、と思うあまり、情報精度を上げすぎていないでしょうか。

普段は冷静に物事が判断できていたとしても、システム障害対応をしているときは少ない情報や低い精度で判断を求められることがあります。例えば、重要顧客の 1% 以上に影響するかどうか、といった精度を決めていたとしても、重要顧客の判別をして、顧客数をカウントし、割合を見ていくような時間はかけられないことが多いはずです。それよりも、複数の顧客から問い合わせが来たら、とか、10 件以上の取引に影響したら、など判断に足る適度な精度になるよう、緩めてみることも必要です。

◼️◼️◼️ 🤝 協同ポイント6：関係者の判断情報・判断基準も意識する

　障害が発生したら、復旧に必要な原因特定だけでなく、多くの場合は影響調査も同時に行うでしょう。その目的は、障害の影響がサービスや業務に及んでいる場合、エンドユーザーへの告知や社内への代替運用を決めるアクションを通じて、影響を最小化させる必要があるためです。

　必要な情報はDBやログにある場合が多く、エンジニアの作業を必要とします。しかし、原則、どんな情報が必要なのかはユーザー企業にしかわからないと思います。ここで注意すべきは、前述の「とりあえず情報を出して！」という失敗例です。

　こんなときこそ、協同することで解決が早まります。

- ● ユーザー企業
  - ☐ アクション選択の判断や、代替運用に必要な情報について、いつも気にしている項目を事前に決めておく
  - ☐ 絶対に必要な項目と、あったら助かる項目が区別できるようにする
  - ☐ これらを開発チームに共有しておく
- ● 開発チーム
  - ☐ 容易に取得できる情報（例：SQLで抽出可能）、調査難易度が高い情報（例：アクセスログから抜き出すもの）を明らかにする
  - ☐ 事前に特定できると楽になる要素を明らかにする（例：障害が発生した大体の時刻、発生したユーザーを特定できる情報）
  - ☐ これらをユーザー企業に共有しておく

　いつも同じような障害ばかりではありませんが、よくあるパターンだけでも明らかにしておけば、少しでも改善が進みます。

> 協同を引き出す声かけ
> 「あると調査が楽になる要素って何ですか」
> 「実はこんな情報も提供できるのですが、あると助かりますか」

第7週　アクション実行の役割と権限の定義

2カ月目 障害対応を うまく 捌けるように	第5週：システム障害発生時のアクション定義
	第6週：アクション決定への判断情報と基準の定義
	第7週：アクション実行の役割と権限の定義
	第8週：頻出アクション・判断情報と基準の効率化

■ この週の目的は？

　アクションを、判断情報と判断基準から採択した後、実際に実行できるようにすることを目的としています。

　この週まで進むと、どのアクションを実施すればよいか決められる状態までは来ています。さらに誰が実施すべきで、実際に実施する権限が誰にあるかまで突き詰めて、システム障害対応の現場でも実行できることを目指します。

■ この週では何をするのか？

▶ アクションを判断・実行する人の洗い出し

　まず、チームの状況に合わせてアクションを判断または実行する人の候補を広く洗い出します。洗い出してから判断者と実行者を決めるためです。

　第5週で洗い出してきたアクションについて、実際に判断や実行をする人の候補を洗い出してみます。情報システム部、保守運用、開発を担当している方に加えて、営業部や営業担当の方や、IT統括部のような第三者組織も判断や実行をするかもしれません。まずは漏れがないように広く洗い出しを行います。加えて、部長や課長のような役職者に判断を担ってもらうことがある場合も、それを認識しておく必要があります。

▶ 判断者・実行者を決定

　次に、洗い出した中からアクションの判断や実行を実際に担うべき人を決定します。先ほど洗い出した一覧の中から、それぞれのアクション選定

を判断する人、実行する人を決定していきます。重要な判断は役職者で、実行は担当者、というパターンが多いと思いますが、以下3点に注意しながら選んでください。

1点目は、**できる人ではなく、やるべき人を選ぶ**ことです。

判断者、実行者を考える際に、どうしても、今やっている人、そのスキルを持っている人、権限がある人に偏りやすくなりますが、あるべき姿とずれている点がないかどうか見直してみてください。

例えば、技術的にできるからといって、いつまでも同じ人が担当している場合は、いずれアクションの判断と実行に支障が出るかもしれません。

2点目は、急を要するアクションならば、**判断者と実行者を極力一致させておく**ことです。

実行者と判断者が分かれると判断の時間が長くなるため、いち早く復旧させる体制を目指すには、判断権限を実行者に委譲するのが一番です。ただし、委譲責任は委譲元が持つため、ただ任せるだけでなく、委譲元が委譲するべき要素を認識して切り出してもらう必要があります。

3点目は、**役職者が判断者となる場合、アクション内容、判断情報、判断基準を意識してもらう**点です。

実際、システム障害のときには、役職者である部長や課長は豊富な経験が頼りになることが多いですが、それだけでなく、「自分がどのアクションのどの役割なのか」「実際に自分で判断できるか」まで認識してもらうことで、適正な役割分担、権限委譲が進みます。

▶ 判断者・実行者に必要な権限を付与

決定した判断者と実行者に対して、どのような権限が必要か確認し、状況に応じて条件をつけて、権限を付与します。ここで言う権限とは、サーバーでコマンド実行できること、といったシステム上の操作権限ではなく、何かを意思決定できる権限のことを指します（当然、そのような操作権限の付与も不可欠ですが、論理的な権限整理が先です）。

判断者が決まったら、実際にその人が判断できるか、判断できる状況にあるのか、確認していきます。エスカレーションが上がってきたとき、その内容を理解できて、判断情報と判断基準に基づき情報を見ることができるか、実行者はそのアクションを実行する権限があるか、などを確認しま

す。すると、実際は権限がなかったり、専門性や業務理解が足りなかったり、勤務体系上の理由で実行や判断が難しいことがあるかもしれません。

　権限がない場合は、アクションをもう少し分解して、特定条件の場合に限り、権限を委譲できないか検討してみてください。

　例えば、サーバーを再起動すればすぐに復旧できるのに、その判断を別の誰かが Yes と言わないとやってはならない、という状況です。このときは、定型の既知事象や、あらかじめ合意したリストに記載された内容ならば判断を委譲する、という方法が考えられます。

■ この週のチェックポイントは？

▶ アクション実行に協力してくれそうな方はいるか

　この週のチェックポイントとしては、まず、普段あまりシステム障害対応に関わらない人に目を向けてみます。これは障害対応に協力してもらえる方を探索するためです。

　システム障害対応は業務のピーク性が高く、一時的に人員が必要になるような作業です。今まではやっていなくとも、スタッフ職の方にも一部の情報収集を手伝ってもらったり、障害時だけは隣のチームに協力してもらったり、などもあるかもしれません。

▶ 判断者・実行者が現実的かつ効果的か

　アクションごとの判断者と実行者を見たときに、実際に判断と実行ができそうで、より適切な方に設定できているかを確認します。あるべき姿を目指して判断者と実行者を決定するものの、急ぐアクションは実行する人が判断できるようにする、という難しいバランスが求められます。

　決定した判断者と実行者が、現実的に判断と実行ができそうかを確認しつつ、改善の目的を満たしているかを確認します。

▶ 付与した権限や条件がルール上問題ないか

　新たに付与した権限や条件が、社内ルールやセキュリティ基準と照らし合わせて問題ないことを確認します。

　今回、新たに判断者と実行者に権限が付与されるという場合、システム障害対応上は都合がよくとも、業務上の権限を付与しすぎていたり、社内

ルール上、問題になったりするものがないことを、改めて確認します。

▰ 🤝 協同ポイント7：関係者の役割・権限も意識する

　障害対応を早めに収束させ、サービス影響を最小限に抑えるには、何らかのアクションをいち早く決めて実行するしかありません。その際、アクションを行える権限と役割が一致していなければ、当然、無駄なリードタイムがかかってしまいます。

　このとき、同じ会社内や部門内であれば、権限移譲は進みやすいですが、会社や部門をまたぐと、権限委譲の調整は難易度が高くなります。

　権限は、組織や個人のポジションパワーでもあり、関係者への影響力として役立つ点もありますが、それは内向きの論理です。システム障害でエンドユーザーを困らせないために、権限を委譲できる点がないか、ぜひ考えてみてください。

　権限の委譲は、特に権限を持っている側から歩み寄ることが重要です。一方で、権限を持たない側は、遠慮なく相談をしてみてください。困っていることを、権限を持つ側が知らないことは多々あるものです。

● ユーザー企業
　　☐ 内部統制や社内規則を逸脱しない範囲で、事前に申し合わせることで部分的にでも対外組織に委譲できることはないか考える（例：既知の問題を解消するために既知のアクションを実行する権限。具体的にはサーバー再起動やバッチのリランなど）
　　☐ サービス影響を最小化するために権限委譲する準備があることを、開発チームなどの対外組織に伝える
● 開発チーム
　　☐ 権限不足が復旧の足かせになっているなら、その旨を伝える。その際、短縮できるリードタイムを参考情報として知らせるとよい

協同を引き出す声かけ
「他の誰かに許可をとるためだけに時間を要するものはありませんか」
「このアクションが自組織で判断できると、復旧が約X分早まります」

第8週　頻出アクション・判断情報と基準の効率化

2カ月目 障害対応を うまく 捌けるように	第5週：システム障害発生時のアクション定義
	第6週：アクション決定への判断情報と基準の定義
	第7週：アクション実行の役割と権限の定義
	第8週：頻出アクション・判断情報と基準の効率化

■ この週の目的は？

　この週は、**システム障害対応時に迅速なアクション決定ができるように効率化する**ことが目的です。

　これは、せっかくアクションが整っていても、判断情報と基準が複雑では実行に支障があるからです。

■ この週では何をするのか？

▶ アクション／判断情報／判断基準のうち、利用頻度が高いものを選定

　まず、第5〜7週で選定したアクションや、情報収集と判断基準の中で、特に頻度が高いものを特定します。実際のシステム障害のときは終始忙しくなってしまうため、特に高い頻度で使うものを決めておきます。

▶ 時間がかかりそうなアクションを選定

　次に、頻出のアクションの中で、実施できる人が限られていたり、誰かへの依頼が必要になったりするものなど、時間がかかりそうなものを特定します。

　頻出のものなのに、難易度、権限、物理的な場所などの問題で、実施できる人が限られてしまっているものはないでしょうか。前週では役割の整理をしましたが、頻度が高いものは手順化を検討し、実行できる人を増やします。

▶ アクション実行の効率化

　さらに、頻出のアクションについて、判断情報の取得、判断基準をもとにした判断の実行を効率化します。

　本来は、アクション実行と判断情報取得の自動化ができたら一番よいですが、そこまでできなくとも、アクションを手順化したり、手順を箇条書きにしたり、やらない手順を決めたりするだけでも改善が進みます。

図表 8-6 効率化の具体例

種類	内容	具体例
自動化	手動でやっていた手順を自動化する。	実行コマンドをシェル化、電話やメール通知を自動化する。
標準化	バラバラだった書き方や手順の考え方を統一して対応しやすく、かつ読みやすくする。	手順の雛形を作成する。別の書き方をしている類似アクションの記載を統一する。
簡素化	過剰な手順、やる必要がなくなった手順を削除する。	実行結果の内部報告は不要とする（外部報告を優先する）。これまで必要だったが、アプリケーション修正などの状況変化で不要になった手順を削除する。

■ この週のチェックポイントは？

▶ 利用頻度が高いものが選ばれているか

　実際のシステム障害対応時に高い頻度で使われているもの、時間がかかっていて改善の余地が大きいものが選ばれているか確認します。

　これまで、何とか一歩前に進めようというスタンスが大事、と何度かお伝えしてきました。ただし、その弊害として、対策がしやすいもの、改善がしやすいものだけに目がいってしまうことがあります。年に数回しか使われず、課題にもなっていないアクションを選んでしまうと、改善してもその効果を実感できるシーンが当面先になってしまいます。利用頻度が高く、改善の余地が大きいなら、早いうちに効果を実感できるので、次への改善活動につながりやすくなります。

▶ 現場担当者が早い段階で効果を感じられるか

今後継続的に改善を実施していくためには、実際のシステム障害対応の場で、この手法は使える、と現場担当者に早い段階で思ってもらえるのが重要です。頻度や改善の余地の大きさだけでなく、現場担当者が苦労していることも考慮に入れてください。

例えば、発生したときのアクションの手順が統一されていないことで、うっかり間違えそうになってヒヤヒヤしているようなケースです。頻度や改善の余地だけで見ていると、こうした現場担当者の気苦労は見えてこなくなります。改善の開始から効果を実感するまでの期間を短くすることで、次の改善活動につながりやすくなります。

▶ 改善手段が合理的か

効果に見合わないような手間がかかる手段になっておらず、合理的であることを確認します。

先ほどのチェックポイントと矛盾するようですが、まず効率化による改善の余地が大きいだけでなく、手間がかからずコスパのよい手段なのか確認します。手段にこだわりすぎると、なかなか前に進まなくなります。

効率化する対象を選定した後は、担当者が前向きに改善を進められて、効果が感じられる状況にする必要があります。もし、改善を進めている方が、難しくて大変な方法に取り組もうとしていたら、簡易な方向へ導いてあげてください。

🤝 協同ポイント 8：関係者の工数も意識する

効果と工数のバランスは重要です。効果の高い打ち手を思いついても工数がたくさんかかる、手軽な工数でできる改善だが効果がない、といったケースは多いです。また、いざ着手しようとしても腰が上がらないこともあります。

この場合、効果は変えられませんが、**工数を下げられると腰が上がりやすくなります**。工数を下げるには、他組織の方々との協同を考えてみてください。以下の例は、開発チームが困っている場合です。

● システム連携先に対して
　　□ 正常性監視を導入したい場合、システム連携先が外部監視している
　　　 なら、その監視通知を受け取らせてもらう
　　□ 自動処理などのシェルをすでに実装しているシステム連携先を参考
　　　 にさせてもらう
　　□ それ以外も含めて、改善事例を教えてもらう
● ユーザー企業に対して
　　□ サービス正常性の確認手段を増やしたい場合、業務量や問い合わせ
　　　 数の情報を共有してもらう
　　□ 調査の情報量を増やしたい場合、ユーザーがエラーに気づいたとき
　　　 の情報取得項目を決めておく（画面キャプチャや使用ブラウザ、レ
　　　 コードを特定できる ID）

勇気を持って聞いてみると、効率化が進むかもしれません。

協同を引き出す声かけ
「監視の改善に取り組んでいるのですが、どんな監視をされていますか」
「解決スピード UP のため、エラー時の情報量を増やせないでしょうか」

COLUMN 「事象」ではなく「アクション」を中心に考える

　これまで何度かお伝えしてきましたが、システム障害対応の改善で重要なのは、「事象」ではなく「アクション」を中心に考えることです。その理由は、システム障害は大変多くの事象が組み合わさっていて、バリエーションが無限にあるからです。
　一方で、ある 1 つのシステム障害が収束した後、再発防止策を講じる際は事象に注目します。経緯を書いて課題を洗い出して、真因を考えていきます。これはこれで正しい手順です。ある事象をもとに、または複数起きている類似事象をもとに、このような真因があってこの事象が起きているはずだ、なのでこの真因に対策を打つべきだ、と考えます。これで、その障害「事象」の類似障害を防ぐことにはなります。これはこ

れで、大切な営みです。障害を生み出す真因を取り除かないと再発するからです。

ところが、システム障害対応の改善に取り組むのであれば、同じ感覚で障害の事象から改善を考えてしまうと、同様に、そのシステム障害の事象だけに効果のある対策となってしまいます。これは、システム障害が「低頻度」で「複雑」であるという特性によるものです。

まず、「低頻度」についてです。この業界で経験が長い方は、「あれ、どこかで聞いたことのある障害だな」という実感を持つことはないでしょうか。会社全体、世の中全体としては繰り返されたとしても、その事象発生は「低頻度」なので、同じチームで繰り返す可能性は低いです。そうなると、その場しのぎの改善になってしまうことがあります。「これまで5年運営して1回だけ起きたことですよね（なので、その場限りのライトな対策で終えましょう）」というのはよく聞くセリフです。

次に「複雑」について。システム障害対応を行う際は、限られた時間の中で対応するため、冷静にしっかり情報を集めるより、急ぎで必要な情報だけを集めることになります。複雑で、状況によって違うシステム障害という事象を捉えることが難しく、その場しのぎになってしまうのは当然のことです。それだけで精一杯です。

だからこそ、「事象」ではなく「アクション」を中心に改善を考えることをおすすめします。アクションは事象に比べて「高頻度」で「単純」という特性を持っています。

筆者は、これまで1000件を超えるシステム障害を分析してきましたが、事象で分類してみても多種多様でなかなかまとまらず、改善を考えることが難しいと感じていました。ただ、それぞれのシステム障害で行っているログの調査やユーザー連絡、再起動などのアクションの一部は、高い頻度で実施していることに気づきました。また、アクションは事象に比べて、数枚の手順書に収まる程度に「単純」です。

というわけで、システム障害対応の改善をする際には、「事象」ではなく「アクション」を中心に考えることを試してみてください。

◾️▸ 2 カ月目のタスクのまとめ

週	#	タスク名	タスク内容
第5週	5-1	事象ではなくアクションに着目して一覧化	非定型と分類された障害に着目して、そこで行われた・行うべきだったアクションを一覧化する。
	5-2	頻出のアクションを選定	整理したアクションのうち高い頻度で使われるアクションを絞り込む。
	5-3	絞り込んだアクションを定義	絞り込んだアクションについて、「つまり何をすることか」「どこまでやるべきことか」など、実際に手が動かせるレベルまで具体化する。
第6週	6-1	どんな情報があれば判断できるかを定義	アクションを採択・棄却するためにどんな情報が必要か、どんな情報があれば判断できるかを決める。
	6-2	どのような基準で見ればよいかを定義	アクション採択・棄却を決定するための判断情報をどのような基準で見るかを決める。
	6-3	必要な情報精度を定義	アクション採択・棄却を決定するための判断情報は、どのぐらいの精度で必要かを決める。
第7週	7-1	アクションを判断・実行する人の洗い出し	チームの状況に合わせてアクションを判断・実行する人の候補を広く洗い出す。
	7-2	判断者・実行者を決定	洗い出した中からアクションの判断・実行を実際に担うべき人を決定する。
	7-3	判断者・実行者に必要な権限を付与	決定した判断者・実行者に対してどのような権限が必要か確認し、状況に応じて条件をつけて、権限を付与する。
第8週	8-1	アクション／判断情報／判断基準のうち、利用頻度が高いものを選定	選定したアクション／判断情報／判断基準のうち、特に利用頻度が高く、すぐにでも役立ちそうなものを選定する。
	8-2	時間がかかりそうなアクションを選定	頻出のアクションの中で、実施できる人が一部に限られていたり、誰かへ依頼が必要であるなど時間がかかりそうなものを選定する。
	8-3	アクション実行の効率化	頻出のアクションについて、判断情報／判断基準による実行を効率化する（例：自動化、標準化、簡素化）。

2 カ月目のチェックポイントのまとめ

週	#	チェック名	チェック内容
第5週	5-1	他組織が担うアクション、目立たないアクションも抽出したか	他の関係者が担うアクションや、目立たないけれど必ず必要になるアクションが抽出できているか確認する。
	5-2	頻出アクションが有用なものか	絞り込んだ頻出アクションが、今後のシステム障害対応に使えるようなものであるか確認する。
	5-3	チームの誰もが使えるレベルになっているか	チームの誰もが使えるレベルまでアクションが具体化・明確化できているか確認する。
第6週	6-1	アクション決定は、その情報と基準で判断できるか	「本当に役立つ情報か」を、具体例を思い浮かべて確認する（その後のアクションに役立つこと）。
	6-2	アクション決定は、その情報精度で判断できるか	「本当に判断できるか」を、具体例を思い浮かべて確認する。
	6-3	過剰な情報精度を求めていないか	判断に足る適度な精度になっているか確認する。
第7週	7-1	アクション実行に協力してくれそうな方はいるか	アクション実行に協力してくれそうな、普段あまりシステム障害対応に関わらない方に目を向けられているか（例：スタッフ、隣のチーム）。
	7-2	判断者・実行者が現実的かつ効果的か	アクションごとの判断者・実行者を見たときに、実際に判断・実行ができそうで、よりふさわしい人が選べているかを確認する。
	7-3	付与した権限や条件がルール上問題ないか	新たに付与した権限や条件が、社内ルールやセキュリティ基準などに照らし合わせて問題ないことを確認する。
第8週	8-1	利用頻度が高いものが選ばれているか	現場担当者が改善しやすいと思っているものではなく、実際のシステム障害対応時に高い頻度で使われているものが選ばれているか確認する。
	8-2	現場担当者が早い段階で効果を感じられるか	年に数回しか使われない、課題になっていないものではなく、現場担当者が改善効果を感じられるアクションを選んでいるか確認する。
	8-3	改善手段が合理的か	効果に見合わないような手間がかかる手段になっておらず、合理的であることを確認する。

9

大規模障害に備えて
体制を構築する

非定型障害の中でも、大規模なものへの対応体制を整えていきます。関係者や関係システムが多く、難易度が高いため、事前に訓練をしておくことで、いざというときに役立ちます。振り返りの工夫も紹介します。

事前	システム障害対応の課題特定
1カ月目 大事な障害 対応に集中 できるように	第1週：アラート・問い合わせの洗い出し
	第2週：アラート・問い合わせの分類
	第3週：「対処不要」なアラート・問い合わせの特定と処置
	第4週：「定型」的なアラート・問い合わせの特定と処置
2カ月目 障害対応を うまく 捌けるように	第5週：システム障害発生時のアクション定義
	第6週：アクション決定への判断情報と基準の定義
	第7週：アクション実行の役割と権限の定義
	第8週：頻出アクション・判断情報と基準の効率化
3カ月目 大規模障害へ 備えるために	第9週：大規模障害の定義とエスカレーション
	第10週：大規模障害時の体制構築
	第11週：コミュニケーションルールの制定
	第12週：システム障害対応訓練と振り返り
継続	継続改善のための役割最適化

この章のポイント

本章では、大規模障害への備えについて扱います。

複数チームや様々な関係者を巻き込みながらの対応が必要となるため、難しくなってきます。全てのパターンは網羅できませんが、費用対効果が高いポイントに絞っていますので、訓練を実施することで実際に大規模障害が起きた際の一助になるはずです。

そこで 3 カ月目は、そのような大規模障害に適した体制の構築やコミュニケーションルールの策定、訓練と振り返りを行います。

大規模障害とは、第 2 週で設定した分類において、重要度と緊急度の両方が高いものを指します。各 IT サービスやプロダクトによって異なりますが、例えば、次のような障害をイメージして頂ければと思います。

● 基幹システムが停止し、会社の業務が一切できなくなる
● エンドユーザーが使う IT サービスが停止する
● 誤った挙動により、ビジネスにとって致命的な実害が起きている
● 情報漏洩が発生し、実際に被害が生じている

図表9-1 システム障害分類図（大規模障害）

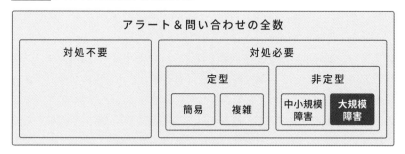

この章の考え方

本章を進めていく上で理解して頂きたいのは、①「大規模障害かどうかを判断できること」、②判断した後に「適した体制が組めること」、③集まった体制が「役割分担ごとに動き出せること」を実現する考え方です。

▶ ①「大規模障害かどうかを判断できること」

大規模障害が発生したときには、「大規模障害が発生した」と判断し、関係者が認識できることが重要です。最初の判断を誤り、必要な体制がとれていない状態で障害対応を進めると、被害が大きくなってしまいます。

筆者（野村）が所属するNTTデータでも、インシデント管理のフローの最初に「緊急かどうか判断するフロー」が用意されており、その判断によって異なるフローに分岐しています。

▶ ②「適した体制が組めること」

大規模障害に該当することが判断できて、いざ特別な体制を組むとなったときに、果たしてその準備はできているでしょうか。

多くの場合は、「経営層へのエスカレーション」など、役職者にエスカレーションすることだけは決まっており、その後は現場に任されることになり、場当たり的な対応になっているのではないでしょうか。

次に多いのは、「体制とルールは決まっているけれど実際には機能しない」という状態です。例えば、「大規模障害時の対応フロー」のドキュメントがあって、「訓練実施」もそこそこ行われているが、いざ大規模障害が発生したら適切に行動できない、特定の人しか動けない、ドキュメントの存在を知らない、保管場所を忘れていて有効活用できない、ということがあります。

上記のようなドキュメントは、「平時に意識を合わせるため」には有意義ですし、訓練は「ルールの理解を促す」には効果はあります。ただし、もし火事が起きたとき、消火器がどこにあるか、どう使うのかなど、頭で理解しているのと、実際に使いこなせて消火できることは違います。ですので、ドキュメントはある、訓練もしている、だからOK、と判断するのではなく、本当に今ここで障害が発生したら、どんな風に動くことになるのかまで考えを巡らせる必要があります。

訓練は、前提条件が良好で、うまくいくように都合よく想定していることが多いため、訓練しているから大丈夫、と思考停止しないように注意が必要です。

本章では、網羅性は下げて、大規模障害時に機能するための必要最低限の考え方に絞り、整理を進めます。

▶ ③「役割分担ごとに動き出せること」

　大規模障害と判断でき、体制が組めたら、その体制の人々が役割分担に基づいて動けることが重要です。

　このような大規模障害の統括は、「インシデントコマンダー」と言われる役割です。

　大規模障害と認識され、周知がなされると、多くの人が集まってきます。かつて筆者も大規模障害の統括をしており、大規模なときは運用・保守・開発・営業・広報・監査など、300名以上を超えるメンバーを統括していました。

　そのときに起きることは、「コミュニケーションの混乱」です。

　システム障害の中心となったシステムのメンバーへ、直接の問い合わせや作業依頼が入り、タスク量や優先順位が制御できなくなります。役割分担が不明確だと、誰に相談すればいいかわからない人が続出し、また、明確な任務もなくただ集められただけのメンバーは手持ち無沙汰になってしまいます。

　混乱しがちな状況でも動けるルールを整備し、集まった関係者が役割分担され、何をすればよいか認識でき、スムーズに行動し、コミュニケーションできるようにしなければなりません。

解決できる課題

　本章で解決できる課題は以下のようなものです。

● **大規模障害時の体制が決まっていない**
● **大規模障害をどのように仕切ればよいかわからない**
● **システム障害訓練時にどのように実施すればよいかわからない**
● **大規模障害時の情報連携が遅くなる**

　このような課題は、大規模障害時に指揮を執るようなIT統括部門、ITサービスマネージャ、インシデントコマンダーが実感されていると思います。

　他にもプロダクトやプロジェクトを統括するプロダクトオーナー、プロダクトマネージャ、プロジェクトマネージャなどがこの役割を担う場合も

あると思います。

この章の注意事項は？

▶ 大規模障害対応の改善は、一朝一夕では終わらない

　大規模障害対応は、そもそも難しいものです。改善し尽くされているチームにはなかなかお目にかかりません。ルールを制定しても、大規模障害は発生頻度が低いので、その内容が体感として理解できていなかったり、結局ベテランの人に対応が集中して属人的な対応をしていたりします。

　そのため、大規模障害が発生したら、貴重な実践機会と捉えるとともに、結果を評価し、次の改善に活かすというスタンスが必要です。

▶ ルール制定やドキュメントの作成効果は認識揃えまで

　大規模障害に関するドキュメントは、あくまでも認識を揃えるためのものと考えてください。例えば、図表 9-2 のようなものがあります。IT サービスの特性次第で、要否を判断してください。

図表9-2　大規模障害のドキュメント例

種類	内容	ポイント
システム障害時体制表	特に大規模なシステム障害時に対応するための体制表。	統括（判断）、復旧、連絡広報などの役割を決める。
コミュニケーションルール	対面、Web 会議など、大規模障害時にどのような手段でどのように行うか。	出社の考え方、使用するツールやチャネル、広報範囲、情報集約場所を決める。
システム障害対応フロー	障害発生から大規模障害の判断、体制構築、対処完了までの一連の流れ。	通常の障害対応フローに対して、大規模障害が違う点を明確化する。活用されるよう複雑化させないことが重要。
復旧優先度表（重要機能定義）	複数のサービスや業務にまたがって障害が起きた場合、どの順番で復旧するかの優先度表。	基幹業務の是非、財務影響、代替手段の有無を明らかにする。
テスト手順	サービス復旧を確認するためのテスト手順と、その試験をするための環境定義。	緊急時において何をどこまでテストするか、使用する環境の考え方を決めておく。
広報ルール	障害時に社内／社外の誰にどのような報告をいつまでにすべきかのルールと様式。	報告先によって必要な情報項目が変わるため事前合意しておく。

筆者の経験上、実際の大規模障害時においても、常にドキュメントを参照し、厳密にルール通りにすることは難しいことが多いです。やはり、迅速な復旧を目指すなら、その場の状況に合わせて即断即決しなければならないからです。しかし、ルールが全く存在せず、連絡体制やプロセスも整っていなければ、それさえも難しくなるでしょう。

ルール制定やドキュメントには、事前の認識を揃えられるという効果があります。また、それに沿って訓練をすること自体は効果的ですが、本当に発生したら果たしてどこまで動けるのかは、振り返りで評価しておくべきです（詳細は第 12 週で）。

このように、ルールやドキュメントを作るだけでは費用対効果が低いので、それらを認識揃えや訓練に活用し、作りっぱなしで終わらないようにしてください。

▶ 網羅性を追い求めない

本来は、過去の大規模障害をたくさん洗い出して、その内容から網羅性を持つようにできるとベストです。ただ、全ての障害を整理するのは現実的でないこともあり、実際、記録として残っているものを洗い出しても、大規模障害の履歴としては少ない可能性もあります。

しかし、それでもそれ以上の網羅性を追い求めたり、未来の大規模障害を想像することに時間をかけるのではなく、チームで発生した象徴的な 2、3 の事例に絞り、改善に着手してください。

それでは、3 カ月目の改善に入りましょう。

3 カ月目 大規模障害へ 備えるために	第 9 週：大規模障害の定義とエスカレーション
	第 10 週：大規模障害時の体制構築
	第 11 週：コミュニケーションルールの制定
	第 12 週：システム障害対応訓練と振り返り

この週の目的は？

　この週は、「何をもって大規模障害とするのか」を定義して共通認識を定め、大規模障害に該当する際に、上位の管理職・経営層に大規模障害が発生していることを伝えて、障害対応に動き出せることを目的としています。

　筆者がシステム障害対応を担うようになって 1 年たった頃の話です。日曜の夜 2 時に障害が起きると、「このレベルなら自分で何とかしなければ」「上位の管理者に伝えるのは申し訳ない」という気持ちになったのを覚えています。結果、エスカレーションができず、被害を広げてしまった経験があります。

　幸いにもお客様への影響がなかったのですが、夜中に誰にも相談できず、苦しい思いをしたことを覚えています。このときの課題は、「このシステム障害はエスカレーションしていいのか」を判断できなかったことです。

　この週では、「エスカレーションすべき大規模障害というのはどういうものか」「エスカレーションする際にはどのように伝えればよいか」を決めることで、スムーズな伝達を実現し、障害対応に動き出せることを目指していきます。

この週では何をするのか？

▶ 大規模障害の事例の選定

　まず、対策を実施する大規模障害の事例を選定します。選定した障害を題材に、大規模障害の定義を検討するためです。

過去に大規模障害が何回か発生している場合、対策の対象となる障害を選定します。いろいろなパターンを網羅的に考えることができるとよいですが、そうすると改善が進みづらくなってしまいます。

　最初は、チームとして最も対策すべき数件に絞って、体制構築、コミュニケーションルールをどうすべきかの検討を進めてください。

▶ 事例をもとにした大規模障害の定義

　次に、提供する IT サービスへの影響度合いを見極めながら、大規模障害の定義をします。

　大規模障害の事例をいくつかピックアップしていく中で、その当時は「何をもって大規模障害としたのか」を考えながら定義をしていきます。

　おそらく「IT サービスの基本価値を損なったもの」「ユーザーから大きなクレームを受けたもの」「徹底して再発防止の取り組みをしたもの」などがあてはまることと思います。組織としても個人としても、印象的だったものが選ばれることもあります。

　ただ、ここで重要なのは「提供する IT サービスへの影響度合い」を「サービス視点」で見て、大規模障害の定義を決めることです。

　Part 1 でも述べた通り、システム障害対応の目的は「システム障害の影響の総量を最小化し、IT サービスがもたらす価値（投資効果）を維持すること」だからです。

　ここで重要なことは、チームメンバー全員が覚えられるほどシンプルかつ明確な基準にしておくことです。

　もしシンプルではない場合、結局その基準は有効に機能しない可能性が高いです。大規模障害の定義が複雑で、かつ複数条件の組み合わせになっているとします。そのような大規模障害はめったに起きないので、実践機会が少なく、覚えるのも難しく、結局その場しのぎの判断になるかもしれません。

　もちろん組織の規模やサービス特性によって異なる面もありますが、改善の一歩目としては、シンプルで覚えやすく、共通認識を持ちやすいものをおすすめします。

　明確な基準にするのも重要です。もし「サービス影響が出たもの」という曖昧な基準にしてしまうと、かなり広い範囲になったり、人の判断に依

存してしまったりします。2 カ月目で取り組んだ判断情報・判断基準のように、「トランザクションが前週比 30% ダウン」「XX サービスが提供できない状態」など、誰もが客観的な基準で判断できるように、明確にしていきます。

　なお、本書では過去事例から大規模障害の定義を決めていくボトムアップアプローチをとっていますが、もちろん、IT サービスにとって何が起きると重大な事態なのか、という観点から、トップダウンで大規模障害を定義する方法でも構いません。まだ IT サービス運営期間が短いとか、大きな障害はこれまで起きていないという場合は、過去事例が使えないためです。また、過去事例に引っ張られるのを避けたい場合は、トップダウンで定義していくことになります。

▶ エスカレーションのルール整理

　大規模障害の定義にあてはまった際、誰にどのような内容を何分以内に連絡する、といったルールを整理します。

　ここでも、「シンプルかつ明確」が重要です。

　まずは図表 9-3 の 3 項目だけでも決めて、チーム全員で共通認識を合わせてみてください。

図表9-3 エスカレーションのルール整理

要素	具体例	注意点
誰に	管理者の A さんへ 不在時はチームリーダー B さん、C さんの順	役職や役割を意識しつつ、連絡先が特定できること。不在時を想定し、複数人が必須。最低でも 3 名程度が望ましい。
何分以内に	発見から速やかに、目標 15 分以内	担当者は連絡前に自己解決しようとしてしまいやすいので、連絡とルールを決めておくとよい。
どの手段で	電話で連絡 その後、XX チャンネルへチャットで周知	IT サービスの特性によるが、営業時間外の場合を考慮し、電話など確実につながる手段を決める。

　大規模障害では、エスカレーション先だけではなく、多くの関係者を巻き込みます。例えば、経営層や事業部長クラス、障害が起きているサービス担当はもちろん、連携先のシステムやサービス担当、技術支援チーム、

社外広報が必要なら広報担当、セキュリティインシデントであればセキュリティチーム……。人手が足りなければ、過去に当該システムに関わった要員まで支援に駆り出されるかもしれません。

このように「多くの関係者を巻き込む」ことはわかっていても、では誰を巻き込むことになるのか、実際に大規模障害が発生したとき、すぐ思いつけるでしょうか。大規模障害の発生頻度は低いからこそ、巻き込むべき人は誰か、支援してもらえる組織はどこか、あらかじめ考えておくことが重要です。

◤◢ この週のチェックポイントは？

▶ 必要最低限の大規模障害が選定されているか

この週のチェックポイントとしては、まず、過去の主だった数件の大規模障害に絞れているかを確認します。

システム障害対応の改善は費用対効果が見えづらく、改善が進みづらいものです。つい欲張ってしまい、多くの大規模障害を選定してしまうと、10 年に 1 回あるかないか、というものまで含めてしまいます。確かに、その 1 回が重要であるなら、選定するべきですが、初回は数件に絞って、少しずつ増やしていったほうが、早く効果を実感できます。

数件に絞ったとしても、十分効果を発揮します。当初は絞ってから対策をすることで、改善を完遂することを目指してください。

次に大規模障害が起きたときに少しでも役立つならば、さらなる改善につながる動機やサイクルが作れます。ぜひ、絞ってから改善を進めてください。

▶ 大規模障害の定義にサービス視点が含まれているか

システム視点だけではなく、サービス利用者を意識したサービス視点を含めた大規模障害定義になっているかを確認します。

システム視点で「データベースがダウンした場合」のような定義ではなく、提供している IT サービスをもとに、「XX サービスが停止した場合」のような定義をすることが重要です。

▶ **エスカレーションルールが具体化されているか**

　エスカレーションを実際に行う担当メンバーが、障害定義に従い、エスカレーションができるかを確認します。

　エスカレーションのルールを決めたら、本当に実行できそうかを確認します。実際のメンバーに「これでエスカレーションできそうか」を、過去のケースにあてはめながら聞いてみてください。

　例えば、「エスカレーション先の電話番号を知らないです」という反応や、「気づいてから X 分とは、エラーメッセージを見たときからですか？」という質問など、意外な発見があるはずです。

　実際に対応にあたるメンバーにヒアリングをして、抜け漏れなく具体化されているかを確認し、実際にエスカレーションできるかを確認します。

COLUMN　障害の重大度レベル判定の大切さ

　障害が起きたら、重大度（深刻度）のレベル判定をしているでしょうか。
　本書では詳しく取り上げられませんでしたが、重大度のレベル判定をしていない場合は、障害発生時点でレベル判定プロセスを入れるようにしてください。このとき、プロダクト担当者または IT サービスマネージャが複数人体制で、障害発生時の申告に対して迅速に判定します。判定軸は、第 2 週でも言及したように、サービス視点を意識しながら重要度と緊急度の掛け合わせによって行うことが大切です。

　この Chapter 9 では、「大規模障害」の体制と訓練を行うことによる改善に着目しているので、大規模か、そうでないかの 2 段階になっていますが、実務的には、3 ないし 5 段階に分けていることが多いのではないかと思います。

　分ける意義は、重大度の高い障害に全力投球するためです。サービス影響がない障害も含めた全障害に、365 日 24 時間で対応するわけにはいきません。また、個人の判断に委ねてしまうと、人によってばらつきが生じてしまい、結果としてエンドユーザーを困らせてしまうかもしれません。

判定したレベルに沿って、重大度が高いものはエスカレーション先を増やしつつ、業務を中断して最優先で復旧にあたることを関係者に知らしめることができます。例えば図表9-4のような重大度レベルに沿って、対応強度にグラデーションをつけていけばよいでしょう。

図表9-4 重大度レベルと初動方針

Lv	レベル名	事象例	初動方針
4	セキュリティ事故	情報漏洩	即日対応
3	重大障害	サービス停止 サービス影響大の機能不具合	即日対応
2	通常障害	サービス影響有の機能不具合	営業時間で対応
1	部分障害	不便な程度の機能不具合	営業時間で対応
0	非障害	軽微な画面崩れや誤字	障害管理外

3 カ月目 大規模障害へ 備えるために	第 9 週：大規模障害の定義とエスカレーション
	第 10 週：大規模障害時の体制構築
	第 11 週：コミュニケーションルールの制定
	第 12 週：システム障害対応訓練と振り返り

この週の目的は？

この週は、**大規模障害時に最適な体制を特定すること**を目的としています。大規模障害時は、普段は経験しないような人数と規模で、また、いつもはコミュニケーションをとらない関係者を集める必要があります。そのため、誰をどこまで集めるべきか迷うことがあります。

体制にはどんなパターンがあるか、どんな人がいるか、どういう状況ならば集めるのかを事前に決めておくことで、最適な体制とは何なのか、共通認識が持てることを目指します。

大規模障害は、頻繁に起きるわけではありません。そのため、慣れていない上、多くの人を巻き込みながら実施していく必要があります。大規模障害に合わせた体制を組むことが重要です。

具体的には、巻き込むべき関係チームを洗い出しておくことと、体制のパターンを考えておくことです。

この週では何をするのか？

前の週で選定した大規模障害を見返して、記録内容をもとに、最適な体制とコミュニケーションを決めていきます。

▶ 大規模障害の体制パターンの整理

まず、大規模障害が起きた際、実際に組まれる体制のパターンを決めます。過去にあった大規模なものや、大問題になったときの状況を想像して、そのときに対応できるパターンを考えると想像しやすいです。

大規模と言っても様々あります。チームのメンバーを全員巻き込むこともあれば、技術的に複雑でミドルウェアベンダーを巻き込む、サービス影響が甚大で営業やサポート部隊を巻き込む、セキュリティインシデントで社内の情報セキュリティ部門を巻き込む、といった場合もあります。まずは限られた範囲でパターンを作るところから始めます。

▶ 大規模障害時の関係者の洗い出し

　次に、大規模障害時に、特に関係しそうな関係者を洗い出します。洗い出した関係者を巻き込む条件を検討するためです。

　大規模障害時の体制を作るためには、そのようなときこそ必要となる、特徴的な関係者を事前に洗い出しておくことが重要です。先ほど選定した過去の例で関わった人や組織を洗い出しつつ、図表 9-5 の関係者の例を見ながら、関係者になりそうな人がいないかを洗い出します。

▶ 関係者を巻き込む条件の決定

　最後に、障害規模や障害内容によって、巻き込む関係者を決めます。

　先ほど洗い出した関係者に対して、どのような場合に、どのような人や組織を巻き込むかを決めます。

　例えば、社内のルールで「大規模障害が発生したら経営陣へ報告する」という場合です。ただし、その「大規模障害」の定義を決める必要があります。もし明確に定義できていない場合は、「こんなに大きな障害だというのに報告が来ない」と言われてしまうかもしれません。

　また、IT サービスの特性によって、官公庁への報告や、エンドユーザーや取引先への連絡が必要になる際は、広報や渉外を通すというルールになっているかもしれません。そのような社内の決まりごとを把握しておきます。

図表 9-5 大規模障害時の関係者の例

関係者	具体例	注意点
ベンダー・サポート	ミドルウェアベンダーや、ミドルウェアに関するサポート担当者	連絡手段・対応時間・対応範囲の契約内容を要確認。サポート契約が未締結の場合は緊急時に困ることも。
連携サービス	API などでやり取りしている SaaS などの連携サービス提供担当者	連絡先が掲示されていないこともあるため、事前に要確認。
技術支援部隊・社内有識者	社内にいる高い技術力を持った組織や有識者	担当者レベルでは存在を知らない場合もあるため、調べておく。支援依頼のルールも要確認。
広報、渉外	対外的に情報提供をする場合の広報担当者	巻き込む基準を要確認。対外発信に協力してくれる可能性あり。
監督省庁	所属会社・事業を監督している省庁担当者	業界独自のルールがあり、行政処分の対象になる可能性あり。連絡基準・連絡方法・連絡期限など要確認。

■ この週のチェックポイントは？

▶ 体制のパターンが覚えられる範囲になっているか

体制のパターンが覚えられる範囲の数になっているかを確認します。

パターンはいくつか想像できたとしても、初めは覚えられる範囲にパターン数をとどめるべきです。大量のパターンを想定すると、使いきれなくなる可能性があるからです。最低限覚えられる数件の体制パターンを作って、体制を構築した後、必要に応じてパターンを増強したり縮小したりするほうが費用対効果が高いでしょう。

▶ 関係者が他にいないか

選定した大規模障害を見返しつつ、改めて、大規模障害ならではの関係者が他にいないかを確認します。

大規模障害時の関係者は、普段接点が少ないような管理部門、支援組織、外部ベンダー、官公庁などが入ってくる可能性があります。

第三者や他組織の力も借りながら、他にないかを一緒に洗い出していきます。

▶ 関係者を巻き込む条件がわかりやすいか

実際に大規模障害が発生したときに、決めた条件で連絡するかしないか、本当に判断できるかを確認します。

よくある事象としては、条件が曖昧だったり、条件の収集が難しかったりすることで、判断できないことです。実効性があり、実際に次の大規模障害の際に使えるかを確認しておきます。

COLUMN　障害対応時に心がけたいファシリテーション

システム障害が起きると、暗い雰囲気になることがあります。私たちも感情を持っているので、ついイライラしてしまうこともあります。すると周りにもそれが伝わり、さらに暗い雰囲気になってしまいます。

そんなときこそ、障害対応を引っ張るリーダーやインシデントコマンダーのファシリテーションでは、積極的で明るい雰囲気を作ることが重要ではないでしょうか。そのために皆さんは何を心がけていますか？

例えば、次のような心がけが大切ではないでしょうか。

● いつもニコニコしていること

どんなに辛い状況だとしても、いつもニコニコしていることを心がけてみます。起きた事実は変えられませんが、唯一変えられるのはリーダー自身の表情やスタンスではないでしょうか。

もちろん、厳しい姿を見せるべき場面もありますが、いつも以上に話しかけやすい状況を作り、明るい状況を目指してはいかがでしょうか。

● 賞賛は表で、いわゆる「教育的指導」は裏ですること

誉めることやポジティブなことがないかを探します。積極的に動いて解決を進めてくれた、明るい雰囲気にしてくれたなどがあれば、その行動はよいことだと関係者に伝わるように賞賛します。相手によっては、こっそり賞賛することも有効です。

逆に、どうしても教育的指導が必要なときもあります。そのときは個別に状況を聞いた上で、相手が納得するように伝えることを心がけます。

大勢の前でそれをやると、あまりよいことはないと思います。

　システム障害は誰かに迷惑をかけることも多々あるため、暗い雰囲気にもなりやすいですが、復旧させる上では有効ではありません。ぜひリーダーが率先して空気を変えていってください。

■ この週の目的は？

　この週は、**大規模障害時の情報のやり取りを円滑にすること**を目的としています。大規模障害は関係者が多く、様々な手段で情報がやり取りされて錯綜したり、混乱したりします。

　どのようなコミュニケーションが行われるか整理して、決まった範囲内で円滑な情報のやり取りができるようにしていきます。

■ この週では何をするのか？

▶ 過去の大規模障害時コミュニケーションの把握と整理

　まず、過去の大規模障害時に行っていたコミュニケーションを整理します。これは方針の検討に向けて事実を把握するためです。

　大規模障害時は様々な情報のやり取りが行われます。例えば、障害の報告、復旧作業の実行指示、作業完了の報告などです。これらのコミュニケーションが、どの関係者同士で、どのようなツールを使用して実施されているか整理します。

　普段から使っているコミュニケーションツールが Slack や Teams だとしても、大規模障害時だけは普段コミュニケーションしない関係者が増えるので、メールや電話でやり取りせざるを得ないことがあります。また、ミドルウェアベンダーに問い合わせる場合には、Web サイトで質問をしなければいけないこともあります。

　完全に網羅する必要はないですが、大規模障害時に求められるコミュニケーション手段を、関係者ごとに事前整理しておくことが重要です。

▶ **大規模障害時のコミュニケーション方針の定義**

　過去の大規模障害時に、どんな関係者の間で、どんな情報のやり取りが行われていたかを整理できたら、それに基づいて方針を定義し、言語化していきます。方針に沿ってコミュニケーションルール（手段）を制定するためです。手段の検討に入る前に、ITサービスや組織の特性を見ながら方針を決めておきます。

　ITサービスや組織によっては、情報の正確性を求められる場合もあれば、間違ってもいいからスピード重視のコミュニケーションをとりたい場合もあるはずです。また、情報はなるべくオープンに、受け取り手が選別するほうが合理的であることもあれば、情報を極限まで絞って、解釈の余地がないような情報を出すことが必要なこともあるかもしれません。何らかの理由で、障害対応履歴を記録保管しなければならないかもしれません。

　手段から入ってしまうと、前述のような本来行われるべきコミュニケーションが不明瞭になってしまうため、方針を先に決めるようにしてください。

　他にも、官公庁や大企業内の共通組織向けであれば、報告様式やルールが定まっていることがあります。決まっている場合はそれを確認しておきましょう。

▶ **大規模障害時のコミュニケーションルールの制定**

　最後に、大規模障害時に、どの関係者間で、どのようなコミュニケーション手段を使うべきか、方針に基づいてルールを制定します。

　関係者間でやり取りされる情報を把握し、コミュニケーション方針が決まったら、それがどのようなコミュニケーション手段で行われるべきかのルールを制定していきます。

　昨今は、新型コロナウイルスの影響でリモートワークが進みました。従来行われていたような、対策本部を立ち上げて会議室で話すスタイルから、コミュニケーション方法が多様化しました。そのため、コミュニケーションルールを決めておくことがますます重要になってきました。

　また、金融業界や官公庁などは、セキュリティの関係で、マシン室やサーバールームが隔離されていたりするため、リアルとオンラインの両方のコミュニケーション手段が必要になることがあります。組織によっては、メー

ル、チャット、ホワイトボード、対面口頭、電話など、複数のコミュニケーション手段が使われています。

　これらのルールを決めず各担当者や組織に一任していると、情報が分散し、効率が下がります。そのため、チャット、メーリングリスト、情報格納先などのコミュニケーション手段のルールを決めておきます。

　全てを統一することは難しいかもしれませんが、どの関係者間で、どのコミュニケーション手段でやり取りするかを決定してください。できれば手段は減らしてください。情報が分散してしまうからです。

　有益な情報なのに、どのツールの、どこのチャネルに書き込んだのか忘れてしまうと、探すという無駄な作業に時間を浪費してしまいます。例えば、ほとんどのコミュニケーションはチャットで行われているのに、経営層には必ずメールと電話で連絡しなければいけない、一部はホワイトボードと対面口頭で行われているのに、他の人への連絡はオンライン通話を使っている、というケースです。

　具体的には、緊急時の連絡を行うチャットルールを決める、対策会議を毎日何時から開催する、情報を集約するファイルサーバーのフォルダやWiki を定める、などです。

　普段使っているチャットがあるから問題ない、と思っていても、そのチャットは大規模障害時に想定される関係者全員が参加できないかもしれません。仮にゲスト招待ができたとしても、それは許可されているか、どのようにやればよいかまで把握できていないことはないでしょうか。

　普段から使い慣れていないと、まず緊急時には使えないと思ってください。普段から使えるように慣れておくか、誰でも参加できるコミュニケーションツールに集約するか、といった事前設計が必要です。

　また、障害時は少しの時間でも惜しいため、音声通話を自動でテキスト化してくれるものなど、普段から便利なサービスを探しておき、駆使しながら対応できるように慣れておくとよいでしょう。

　情報集約手段として普段は Wiki を使っていたとしても、障害時は多くの方が慣れているエクセルや、リアルな現場ではホワイトボードが活用され、情報分散される原因となりやすいです。

　どこへ情報をストックするか、事前に決めておくことで分散を防ぐことができます。

少しでも工夫しておくと改善が進みます。事前にコミュニケーション手段を決めておいて、普段から使って慣れていくようにしておきます。

▰ この週のチェックポイントは？

▶ 大規模障害時のコミュニケーション手段のうち重要なものが盛り込まれているか

過去の大規模障害時に役立った実績があり、今後も役立ちそうなコミュニケーション手段が盛り込まれているか確認します。

逆に、役に立たなかったり、やめたいコミュニケーション手段が紛れ込んだりしていないか確認します。無駄だと思われるものは、このタイミングで洗い出して、コミュニケーション手段を集約するという決定を下していきます。

▶ 規定のコミュニケーションルールの範囲内で改善余地はないか

すでに決まっている規定のコミュニケーションルールの中で、改善できる余地がないか確認します。

もちろん、何らかの理由で現行ルールができている（と信じたい）のですが、それが過剰になっていることも多く、現場の負担になっていることがあります。そのようなコミュニケーションルールがある場合には、まずはどのような意図で制定されたものかを確認し、緩めてもらったり、内容を簡素化させてもらえたりしないか、改善の余地を確認します。

ルールの目的が把握できれば、それが現状にそぐわなければ廃棄すればいいわけですし、ルールは正しいが手法が過剰な場合は、目的に沿ってスリム化することができるはずです。

▶ 大規模障害時のコミュニケーション手段に無理がないか

決められたコミュニケーション手段は、誰もが使い慣れているか、実際に緊張状態の大規模障害時でも無理なく使えるかを確認します。

大規模障害時は発生頻度が低いものの、もしかしたら夜間に発生するかもしれません。そして、誰もが緊張状態で対応にあたることになります。そのような極限状態でも使えるコミュニケーション手段なのかを確認します。誰もが慣れ親しんだ方法であることが重要です。避けたいのは、利用

開始までのステップが多かったり設定が難しかったり、普段使わないツールを使うことになったりしている場合などです。いつもは使わないので、IDとパスワードがわからなくてコミュニケーションできませんでした、となっては困ってしまいます。

　数回の訓練をしたとしても、結局、普段使い慣れたツールや対面口頭、電話を使ってしまうものです。できるだけ誰もが使い慣れたものを選定して、スムーズなコミュニケーションを目指してください。

▶ 🤝 協同ポイント9：関係者側のコミュニケーションも意識する

　障害発生時のコミュニケーションは、分散してしまいやすいです。例えば、次のようなことはないでしょうか。

- 障害が発生したとき、最初に検知して会話したコミュニケーションチャネルでそのまま進むことがあり、情報が散逸してしまう
- ユーザー企業と開発チームがやり取りするコミュニケーションチャネルは決まっているが、各々の内部では別のチャネルがあり、連絡が二度手間になったり、ただのコピペが発生したりする

　もしある場合は、思い切って1つのコミュニケーションチャネルに片寄せすることを試してみてください。

　もちろん、余計な情報が閲覧できてしまわないように、機密情報管理の観点でアクセスコントロールが必要ですが、そのようなコントロールができるコミュニケーションツールがほとんどなので（特定メンバーに限定したプライベート機能）、難易度は高くないはずです。

　ポイントは、前述の通り、日々のコミュニケーションツールを使うことです。大規模障害は特に、日々の会話から発覚し、そのまま障害対応に移行することも多いのではないでしょうか。大規模障害のとき専用の手段を用意しても、障害発生時には余裕がありませんから、浸透しない可能性が高いです。

　このとき、何に片寄せするかを決める必要があります。多くの場合は、ユーザー企業のコミュニケーションツールになるのではないでしょうか。そのため、どちらかというと、ユーザー企業の側からコミュニケーション

設計を主導して頂きたいと思います。

> **協同を引き出す声かけ（特にユーザー企業から）**
> 「障害対応のとき、コミュニケーションが煩雑になっていませんか」
> 「このツールに、全体のコミュニケーションチャネルを用意しましょうか」

| 第 12 週 | システム障害対応訓練と振り返り |

3 カ月目 大規模障害へ 備えるために	第 9 週：大規模障害の定義とエスカレーション
	第 10 週：大規模障害時の体制構築
	第 11 週：コミュニケーションルールの制定
	第 12 週：システム障害対応訓練と振り返り

■ この週の目的は？

　この週では、システム障害対応の訓練を行います。実際に大規模障害時に役立つものにするために、**実際に準備したものをもとに手を動かしてみることと、手を動かしてみることにより課題を洗い出すこと、訓練がよいものだったと認識し、小さな改善を続けたいというモチベーションを作ること**を目的としています。

　訓練は、第 9 〜 11 週に定めた内容をもとに実施していきます。システム障害対応の改善は費用対効果がわかりづらいため、なかなか進みにくいものです。今まで実践した改善活動が、訓練を通して実際に効果がありそうだと思える状態か、さらに、それ以外の実務でも効果がありそうだと期待を持てる状態に、チーム全体を持っていく必要があります。

　また、振り返りおよび継続的な改善に役立つアンケートについても説明します。

■ この週では何をするのか？

▶ システム障害対応訓練の企画と実行

　まずは、何を目的としてどんな訓練をするか企画します。

　目的としては、例えば、ルール周知と理解促進、手順の実効性確認、遂行力の向上、不測の事態への対応力強化、といったものがあります。

　そして、システム障害対応訓練には、図表 9-6 の通り、2 つの軸があります。机上か実機か、部分か全体かです。

図表9-6 システム障害対応訓練の分類

	部分	全体
机上	コミュニケーションルールや復旧手順などを読み合わせたり、疑問点を解消したりして、実効性を確かめる。	障害の検知から収束まで、一連の流れをトレースしながら、ルール体制の不備をはじめとした抜け漏れ確認をシミュレーションする。
実機	再起動手順や広報など、想定したアクションを部分的に実行できるかを確かめる。	障害の検知から収束まで、本番さながらの設定で実際に障害対応を行ってみる。

　この表とは別の軸として、**あらかじめ決めたシナリオに沿ってロールプレイを行う実演型と、筋書きなしでやってみる実践型**が考えられます。

　目的に沿って、どのレベルで訓練をするのか決めていきます。

　訓練の企画内容としては、検証目標、実施内容、スケジュールを決めていきます。これらの雛形が付録2に掲載されています（ダウンロードすることもできます）。

　前述のように、システム障害対応の訓練にはいろいろな種類があり、人によって思い浮かべるものが大きく異なります。ずれを防ぐためにも、目的を定め、関係者と意識合わせを行って、何を目的にどんな訓練をするのか、すり合わせます。

　第一歩としては「机上×部分訓練」がおすすめです。実機訓練は学びが多いですが準備が大変です。かつて筆者も実施していましたが、想定した障害を開発環境で発生させる準備、そのためのデータの仕込みなど、毎回の準備にかなり苦労をしました。

　そのため、最小限の手間でできる改善で、小さくても効果が得られるほうが、次の改善行動へつながりやすいです。例えば、大規模障害の際は体制とコミュニケーションが課題になりやすいため、仮想の大規模障害が発生したら、対応体制の編成と、コミュニケーション手段の構築が速やかに行えるか、といったものから始めてみます。

　「実機×部分訓練」は、学校教育の場でも行われている避難訓練のようなものです。ルールや基本行動を覚える上では、一定の効果があります。開発環境で擬似的障害を起こし、検知、調査、復旧などを部分的にでも実際にやってみることで、多くの気づきが得られるはずです。

全体訓練は、全社レベルの組織を巻き込む必要があります。企画と実行に多くの工数を要しますが、自社サービスの特性から必要性を判断してください。大きな障害が発生した教訓から、定期的な訓練を開始するケースが多いようです。

　次に、企画に沿って、対象となるシステム障害と訓練範囲を選定し、訓練における役割を決めていきます。

　訓練は、参加規模や訓練スコープが大きくなるほど、実践実感をリアルに演出するのが難しくなりますが、それも目的次第です。

　目的を見失わないようにしながらも、前述のように、限られた参加者で対象のシステム障害や訓練範囲を大胆に絞って、まずは第一歩を踏み出すことをおすすめします。

　注意点として、チームに配属されたばかりの方や若手は訓練から学べることが多いのですが、すでに何度も実際の障害対応をして慣れている方は、得られる学びが少なく、負担に感じるかもしれません。ただ、訓練によって誰でも障害対応が実施できるようになれば、ベテラン勢は楽になります。双方にメリットがあることを強調すれば、参加意義を感じづらい方も巻き込めるようになります。

　実際に、システム障害訓練を実行していくにあたっては、机上訓練であれば1時間程度、実機訓練であれば2時間程度に収まるようにします。気合を入れた訓練になると、2時間以上、または1日かけて実施することもありますが、初めのうちは、1～2時間で収まるような簡易な訓練をおすすめします。

　前述の通り、短い時間で効果が実感でき、次の改善の動機につながるような訓練を目指して実行していくとよいでしょう。

▶ 訓練の振り返り（意見交換）と改善点の選定／実行

　障害訓練を終えたら、実施した内容の振り返り、意見交換をします。

　訓練では、目的に沿って、例えば手順や対応方法を習得することになりますが、課題を見つけて次につなげることも重要です。今回の訓練で得られたもの、課題だと思ったこと、次に実施したいこと、さらによくするためにどうすればよいか、など、あまり堅苦しくならずに振り返ります。

　具体的には、振り返りの冒頭に15分くらいとって、実施した感想、課題

を各自が箇条書きで記載し（付箋紙やホワイトボード）、それを1分で共有、それに対してお互い意見を交わす形であれば、負担が少なくて済みます。

　振り返りの会議までに事前準備をする方式も悪くはないのですが、多忙な中で、負担感を緩和しつつうまくやるには、このような手法も試してみてください。事前準備を課して、何かの事情で準備できなくて「やれてない感」を抱かせてしまうより、その時間枠で完結する振り返りのほうが、さらなる改善への心理的負担が減らせます。訓練の直後に時間を確保しておき、そのまま振り返りをするというテクニックもあります。

　振り返りでは、否定的なことは口にせず、前向きで楽しい雰囲気を作ります。反省会のような空気にならず、振り返りと言いつつ、できる限り前向きにしようという雰囲気にしたいものです。これはどのようなシーンでも有効なスタンスですが、特にシステム障害対応に関する振り返りは、前向きな雰囲気にすることを目指すのがベストです。

　ところで、訓練ではなく実際のシステム障害対応においての振り返りでは特に、原因となったシステムを担当するチームや人物に焦点を当ててしまわないようにします。犯人探しのような対話になり、悪い流れになるからです。これでは振り返りどころではありません。

　訓練においては、訓練だからこそ、よい振り返りをする練習にしてください。よい雰囲気で、お互いの意見が言えて、次の一手につながる意見交換を進めて頂ければと思います。

　振り返りを通して改善したい点が見つかったら、1つでもいいので、素早く改善を完了できるものを選び、やり切ってみてください。

　例えば、手順書の確認項目がわかりづらかった、という場合は、その場で、何がよくなかったか、どうすればよいかを赤ペンで直接メモをしてPDFにして、これをもって暫定で新しい手順とする、という方法もあります。そして、手順のアップデートサイクルを決めておき、そのタイミングで反映することを考えます。

　もし、全ての改善点を出し尽くして、手順書も元ファイルも抜本的に修正していく場合は、それなりに時間がかかってしまいます。それよりも大事なのは、何かの改善が少しでも進んだ、ということです。その場で完全解決はできなくても、一歩踏み出しておくことで次につながっていきます。

▶ アンケートの実施

　訓練は、目的の確認と定期的な継続性が大切です。振り返り後のアンケートフォーム形式でも、振り返り会の最後に手を挙げてもらう形式でもよいので、目的を満たせたと感じられているかどうかを確認し、下記のような感想を持っている人を見つけてください。ポイントは、誰がそう思っているのかまで特定することです。

- 改善の価値を感じてくれた人
- 改善に学びがあると感じてくれた人
- 改善を楽しいと感じてくれた人

　このようなことを聞く理由としては、今後の継続的改善のために、上記のような方を見つけることに意味があるからです（詳しくは Chapter 10 で後述します）。

この週のチェックポイントは？

▶ 訓練の振り返りが前向きで、参加者の気づきを引き出せているか

　実際にシステム障害が起きたときのような暗く重い雰囲気ではなく、明るく前向きな雰囲気になっているかを確認します。ファシリテーターや管理者が積極的に、明るい雰囲気を作るようなファシリテーションを行います。

　そのような雰囲気を作った上で、訓練で実施した内容の振り返りをします。特に目的に沿って気づきや課題を抽出できたかを確認します。

▶ 企画者、参加者がもう一度やってもよいと思えているか

　また他の訓練をやりたいと思っているか確認します。

　繰り返しですが、訓練は大変です。もし企画や準備をした担当者が「もうやりたくないな」と思うような状況になってしまっていたら継続性が下がります。おそらく、企画か準備をしっかりやりすぎです。たとえ 1 つの復旧手順でも、訓練というプロセスを通して、少しでも学びがあることを目指してください。つい、しっかり準備しないとうまくできないのでは、とか、効果がないのでは、などと思ってしまいますが、初めのうちは習慣

を作ることが重要です。

　もっと手を抜いて、気軽に実施して、少しでも効果が感じられて、次は
この手順、この障害も事前に訓練をしておこうか、と思えるレベルを目指
してください。

　もちろん、専任体制と予算があって、訓練をしっかりやれるのであれば
この限りではありませんが、忙しい通常業務の合間にやることが多いた
め、このような手法も検討してみてください。

　訓練が大変なのは、参加者も同様です。アンケートをとれると理想です
が、そのような手間がかけられなければ、訓練の最後に、それぞれ 1 分ず
つ感想を聞いてみます。キーパーソンで、味方となってくれそうな方がい
れば、場づくりにポジティブに働くはずです。

▶ 振り返りを受けての改善の打ち手が軽くて合理的か

　訓練の振り返りでは、検知した課題への打ち手を考えることがあると思
います。その打ち手が重すぎると、次の訓練へのハードルが上がってしま
います。例えば、その週や翌週までに実行完了までできそうなレベルまで
落とし込まれた打ち手にすることをおすすめします。

　どうしても改善したい課題があり、それが難しい場合には、簡単なもの
に分解して、1 つずつ「完了した」という状態を目指せるようにしてみて
ください。

◤◢◤ 🤝 協同ポイント 10：ユーザー企業から訓練の必要性に言及する

　大規模なシステム障害、と聞いて、どんな状態を想像されたでしょうか。
例えば、社内の基幹システムが停止して仕事にならなくなったり、生活の
中に溶け込んでいる IT サービスが止まってエンドユーザーが困り果てた
りすること、でしょうか。

　こう考えると、もはやシステム障害対応の改善というより、経営層で気
にするべき、BCP（事業継続計画）に近いのではないでしょうか。それな
らば、どちらかといえばユーザー企業が、システム障害対応の訓練を行う
ことの必要性を認識していく必要があると考えます。

　開発チーム（特に SIer）から、大規模障害を想定した訓練をしたい、と
申し出る心理的ハードルは高いと考えられます。大規模障害を想定した訓

練を申し出たら、そもそもそんなことが起きないようにするべき、などと言われるのではないかと思ってしまうからです。

　もちろん、良好な関係であればそんなことはないのですが、それでも、ユーザー企業の側から訓練について一言でも言及できれば、実施へのハードルは下がります。

　確かに、訓練には時間と手間がかかります。時間で精算している契約の場合は、特に費用面がネックになりやすいはずです。しかし、このような費用対効果で判断できないものこそ、ユーザー企業に、それも経営層にその必要性を認識してもらい、意思決定して頂きたいと考えます。

> 協同を引き出す声かけ（特にユーザー企業から）
> 「システムが止まった場合の想定って、できていますか」
> 「BCP の一環として一緒に考えてみませんか」

3 カ月目のタスクのまとめ

週	#	タスク名	タスク内容
第9週	9-1	大規模障害の事例の選定	対策を実施する大規模障害の事例を選定する。チームとして最も対策すべき数件に絞る。
	9-2	事例をもとにした大規模障害の定義	事例をもとに、何をもって大規模障害だと判断したのか考えながら、サービス視点でシンプルに定義する。
	9-3	エスカレーションのルール整理	事例をもとに、誰にどのような内容を何分以内に連絡するなどのルールを整理する。
第10週	10-1	大規模障害の体制パターンの整理	事例をもとに、大規模障害が発生したときの状況を想像し、実際に組まれる体制のパターンを決める。
	10-2	大規模障害時の関係者の洗い出し	大規模障害時に、特に関係しそうな関係者を洗い出す。
	10-3	関係者を巻き込む条件の決定	障害規模や障害内容によって、どのような関係者を巻き込むかの条件を決める。
第11週	11-1	過去の大規模障害時コミュニケーションの把握と整理	かつて発生した大規模障害時に実施していたコミュニケーションを把握し、どのようなコミュニケーションが求められているか整理する。
	11-2	大規模障害時のコミュニケーション方針の定義	どのような方針でコミュニケーションするか定義する（ITサービスや組織の特性を見ながら）。
	11-3	大規模障害時のコミュニケーションルールの制定	どの関係者間で、どのようなコミュニケーション手段を使うべきか、方針に基づきルールを制定する（例：チャット、メーリングリスト、情報格納先）。
第12週	12-1	システム障害対応訓練の企画と実行	システム障害訓練で何を目的にしてどんな訓練をするか企画、実行をする（机上か実機か、部分か全体か）。
	12-2	訓練の振り返り（意見交換）と改善点の選定／実行	訓練で実施した内容を各自で振り返り、その意見交換をする。改善点を1つでもいいので素早く実施する。
	12-3	アンケートの実施	振り返りの時間内またはアンケートで、目的の達成度を確認し、次の継続的改善にポジティブな人を見つける。

3カ月目のチェックポイントのまとめ

週	#	チェック名	チェック内容
第9週	9-1	必要最低限の大規模障害が選定されているか	特に注力すべき数件の大規模障害（目安として2、3件程度）に絞れているかを確認する。
	9-2	大規模障害の定義にサービス視点が含まれているか	システム視点だけではなく、サービス利用者の視点を含めた定義になっていることを確認する。
	9-3	エスカレーションルールが具体化されているか	エスカレーションを実際に行う担当メンバーが、障害定義とルールに従って本当にエスカレーションができるかを確認する。
第10週	10-1	体制のパターンが覚えられる範囲になっているか	体制のパターンが覚えられる範囲の数になっているかを確認する（目安として2、3件程度）。
	10-2	関係者が他にいないか	選定した大規模障害の例から、大規模障害ならではの関係者が他にいないか確認する。
	10-3	関係者を巻き込む条件がわかりやすいか	実際に大規模障害が発生したときに、設定した条件で連絡の是非を本当に判断できるかを確認する。
第11週	11-1	大規模障害時のコミュニケーション手段のうち重要なものが盛り込まれているか	大規模障害時に役立つ重要なコミュニケーションか、逆に、役に立たなかった・やめたいコミュニケーションが紛れていないか確認する。
	11-2	規定のコミュニケーションルールの範囲内で改善余地はないか	すでに決まっている規定のコミュニケーションルールの中で、改善できる余地がないか確認する。
	11-3	大規模障害時のコミュニケーション手段に無理がないか	決めたコミュニケーション手段は誰もが使い慣れていて、実際に緊張状態の大規模障害時でも無理がないかを確認する。
第12週	12-1	訓練の振り返りが前向きで、参加者の気づきを引き出せているか	重く暗い雰囲気になっておらず、参加者が気づきを出しやすいファシリテーションができているか確認する。
	12-2	企画者、参加者がもう一度やってもよいと思えているか	企画者と参加者がもう一度、他の訓練をやってもよいと思えているか、アンケートなどで、継続的改善にポジティブな人を見つけられているか確認する。
	12-3	振り返りを受けての改善の打ち手が軽くて合理的か	次の訓練のハードルが上がらないように、打ち手が重すぎず、軽くて合理的なものになっているか確認する。

10 継続改善のための役割最適化

障害対応の継続的な改善が行われるように、組織のメンバーを意識して、役割を最適化していきます。責任／権限／専門性／実行の4つの枠組みを利用して、改善が回りやすいようにしていきます。

事前	システム障害対応の課題特定
1カ月目 大事な障害 対応に集中 できるように	第1週：アラート・問い合わせの洗い出し
	第2週：アラート・問い合わせの分類
	第3週：「対処不要」なアラート・問い合わせの特定と処置
	第4週：「定型」的なアラート・問い合わせの特定と処置
2カ月目 障害対応を うまく 捌けるように	第5週：システム障害発生時のアクション定義
	第6週：アクション決定への判断情報と基準の定義
	第7週：アクション実行の役割と権限の定義
	第8週：頻出アクション・判断情報と基準の効率化
3カ月目 大規模障害へ 備えるために	第9週：大規模障害の定義とエスカレーション
	第10週：大規模障害時の体制構築
	第11週：コミュニケーションルールの制定
	第12週：システム障害対応訓練と振り返り
継続	継続改善のための役割最適化

この章のポイント

　本章では、**今まで行ってきたシステム障害対応の改善が継続的に行われるようにするための仕掛け**を行います。

　今回、3カ月かけて取り組んできたことで、少しでも改善が前に進んだのではないかと思います。この改善を一度限りの取り組みで終わらせず、チームが改善を続けられるようにしていきます。

　そのために必要なのは、「権限と実行の最適配置による役割最適化」です。

解決できる課題

本章で解決できる課題は以下のようなものです。

● **システム障害対応の改善をしても、やりっぱなしになってしまう**
● **日常的に PDCA が行われず改善していかない**
● **組織間の壁で改善が止まってしまう**

これらは、多くの組織で実感されている課題ではないでしょうか。

　本章は、今後も改善を継続的な活動としていきたい、という方におすすめです。

　改善活動を継続させるためには、改善活動のアンケートやインタビューを通してキーパーソンを見つけ、継続の必然性を持たせることが重要です。

　具体的には、強い思いのあるキーパーソンを見つけて協力してもらったり、活動にネガティブな方を見つけて説得したり、組織目標やルールやプロセスに組み込んで改善活動が続くようにしたりなどです。改善活動は緊急度が低くどうしても優先順位が下がるので、継続できるように取り組みます。

最後に何をするのか？

▶ アンケートの結果をもとにインタビューをする

　第12週の訓練振り返りでは、アンケートをとってください、と述べましたが、その結果をもとにインタビューをしていきます。これは前向きに実施頂いた方に感謝を伝え、次の改善を一緒にやってくれる方を見つける

ための活動です。

　アンケートの中で「改善の価値を感じてくれた人」「改善に学びがあると感じてくれた人」「改善を楽しいと感じてくれた人」へインタビューをしてみてください。

　具体的なインタビュー内容は以下のようなものです。アンケート結果を見ながら以下の質問で深掘りしてみてください。

- 改善活動をやってみた中で一番印象に残っているものは何ですか？
- 改善活動の中で一番効果があったな、学びがあったな、楽しいと感じたものは何ですか？
- どの活動であればもう一度やってみたいと思いましたか？
- 過去に経験した改善活動の取り組みでよかったもの、もう一度やりたいと思えたものはどんなものですか？
- もう一度やりたいと思えるポイントはどこにありましたか？
- 今回の改善取り組みでは、何があれば、さらにもう一度やってみたいと思えそうですか？

　改善が継続するためには「もう一度やりたい」と思ってもらえることが重要です。もし、残念ながらこのような意見の方が少ない、あるいは1人もいない場合、これまで経験した改善活動の中でよかったポイントを聞きつつ、改善活動の進め方を見直します。

▶ 今回の取り組みの中でキーパーソンとなった人を特定する

　今回の改善の取り組みの中で、キーパーソンとなった人を特定します。Chapter 8（2カ月目）でも言及した、責任／権限／専門性／実行の枠組みを利用すると整理しやすいです。

　例えば、以下のようにキーパーソンを思い浮かべていきます。

- 「関係組織に協力要請に行ってくれる管理者」……責任
- 「やろう！と号令をかけてくれるチームリーダー」……権限
- 「システムに詳しい隣のチームのメンバー」……専門性
- 「一緒に取り組んでくれた若手社員」……実行

▶ 継続的な改善に向けての役割最適化

　さらに、前向きなキーパーソンを見つけ、継続的な改善活動に向けて役割を見直していきます。

　もしアンケートやインタビューを通じて、「もう一度やってみたい」という方が見つかれば、その方をキーパーソンとして、継続的な改善活動を考えます。その際、「改善活動が本人の改善、学び、楽しみ」につながるようにします。

　具体的には、若手社員が「学びがあって楽しかった、もう一度やりたい」と言ってくれている場合、その方をキーパーソンとしつつ、責任と権限を持つリーダーの方から専門性を持つメンバーへ、「若手社員の学びがあって改善活動を続けたいと言ってくれているので、定期的に若手社員の相談に乗ってくれないか」と声をかけてみてください。

　これにより、専門性が足りない若手社員の改善活動が学びにつながり、チームによい影響を与え、結果、チームの対応が改善され、リーダーも嬉しいという構図が作れます。

協同ポイント 11：関係者との継続改善も意識する

　「はじめに」で、改善とは投資だ、と述べました。これはつまり、意志を持って取り組まないと、改善は進まないことも意味します。

　システム障害対応の改善に取り組むとなったとき、とかく ROI を持ち出して判断していないでしょうか。また、ROI が出せないから（出ないから）、と思考停止して、改善を先送りしていないでしょうか。

　もちろん、定量化する努力を怠ってはいけませんが、定量化できないからといって、その判断から逃げてもいけません。そうしていると、継続的な改善は、どこかで下火になっていきます。

　ROI として定量化しやすい改善は実施判断しやすいのですが（例：アラートの削減）、システム障害対応のような業務改善は、ROI が算定しづらいものも含まれます。特に非定型のシステム障害や、障害対応プロセスの持続性への投資は特にそうです（例：ベテラン依存からの脱却）。もちろん、工夫して効果を算定することはできますが、ややもすると鉛筆を舐めて計算することになりかねません。

　特に、ノックアウトファクターに関する対策は、ROI ではなくリスクに

基づき判断した上で、ユーザー企業が責任を持って改善の実施を判断すべきだと考えます。

　一方で、開発チームは、何がノックアウトファクターになりうるのか、その可能性のある要素を把握して、きちんとユーザー企業に説明する必要があります。例えば、ある IT サービスが停止すると、復旧までは何時間かかる、といった情報です。

　投資判断は、投資に必要な情報が揃ってこそ下せるわけです。改善を継続するための努力は、協同によって持続させていきたいものです。

協同を引き出す声かけ
「月次で X 時間と決めて、改善のための時間をとりませんか」
「その時間の使い方については、一緒に優先度を決めましょう」

COLUMN 実行と責任を一致させて成果を出せた事例

　アラートのエスカレーションの「責任／実行」を運用担当が実施し、エスカレーションの要否を決定する「専門性／権限」を保守担当が行う場合があります。

　不要アラートの設定は、運用担当者としては不要な対処が減って嬉しい一方で、保守担当は恩恵が少なく、後回しになりがちです。

図表 10-1 運用担当が「責任」と「実行」を担う

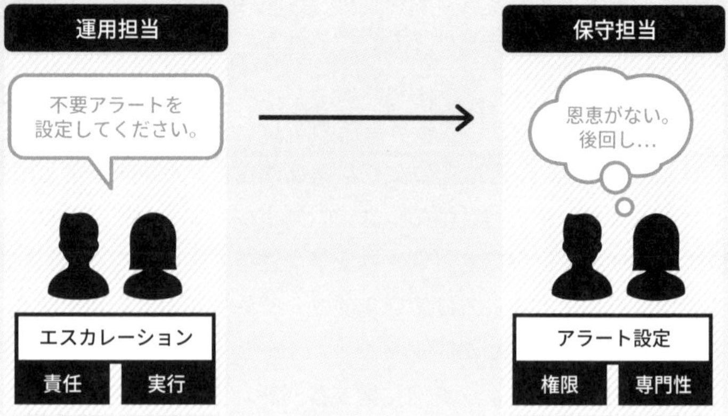

運用担当		保守担当	
不要アラートを設定してください。		恩恵がない。後回し…	
エスカレーション		アラート設定	
責任	実行	権限	専門性

このような場合、対処は大きく分けて3つあります。

●運用担当者に専門性を持たせるため、保守担当からメンバーが異動し、結果、運用担当者だけで判断できるようにする

　これは、運用担当に専門性と権限を移す形をとります。人の異動は一筋縄ではいかないですが、担当者間で人材ローテーションをしてスキルを平準化していくのは王道のやり方です。ただ、なかなか実行が難しいのも実情です。

●リスクが許容できるならば、運用担当者に権限を渡してしまう

　ある程度リスクを許容できるサービスであれば、アラートを対処不要と判断できる「権限」を思い切って運用担当に渡してみる。
　運用担当としては、自チームが楽になるので面白いように改善が進むはずです。判断を委譲するのが心配であれば、例えば、5回以上対処不要と言われたアラートについてはそれ以降、対処不要にできるといった条件をつける手もあります。

●運用担当のエスカレーション実行・責任を自動化によってなくし、保守担当への集約を図る

　筆者が取り組んだ改善の1つに、エスカレーション連絡の自動化があります。運用担当者の「実行」「責任」をなくして、「保守担当」に責任・権限・専門性・実行を全て集めました。
　最初は保守担当から懸念もありましたが、実際に始まると保守担当が責任感を持てて、不要アラートを無視し、必要なものだけ自動連絡する設定が継続的に進み、不要アラートへの対応工数が劇的に減る結果となりました。

PART

3

CHAPTER

10

継続改善のための役割最適化

185

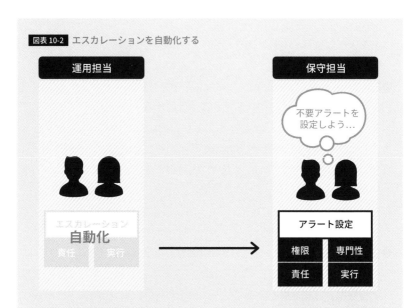

図表 10-2 エスカレーションを自動化する

このように責任／権限／専門性／実行がどのようになっているかを見極めながら改善を進めることで、自然と改善が進むようにすることができます。

COLUMN システム障害対応などの保守を考慮できる開発チームに

保守と言っても、それには多くの作業が含まれるのですが、特にシステム障害対応をはじめとした保守を考慮できる開発チームは、生産性が上がり、ROI が高いチームになるのではないでしょうか。

例えば、開発スピード「だけ」を優先した結果、メンテナンス性が悪化し、運用で何とかせざるを得ず、業務が増えることがあります。リリース後も保守を考慮せず、早くリリースして得られたアウトカムが保守工数の増大によって食われてしまったら、トータルで負けます。

システムログやアラートメッセージ1つにしても、自ら保守作業をしたりメッセージから原因を特定したりする経験がなければ、どうしても意識が希薄になってしまいます。どれだけログやアラートメッセージを洗練させられるかは、開発チームが自ら担うかどうか、過去に保守や障害対応をした経験があるかどうか、または保守する立場の方の苦労をどれだけ理解できているかによると思います。

もちろん、システムや IT サービスの大きさや、組織構造、会社の関係性によって、開発チーム自ら保守する体制が組めないことも多々あるでしょう。そうだとしても、保守を関心ごととして考慮できる開発チームが、最終的に高い ROI で成果が出せるのではないでしょうか。

もし、システムの作りや保守がいまいちでも、早くリリースすることで増えるアウトカムが莫大で、ROI に与える影響なんてわずかだという場合は、どうでしょうか。

経営判断として容認していて、開発チームや保守担当も含めてその前提に納得できていれば、それはそれでありうる姿だと思います。ただし、裏でエンドユーザーに大きな負担を強いて、社外パートナーがその負担を被っているだけなら、その ROI には持続性がありません。

全体として成り立つ「エコシステム」を目指していきたいものです。

おわりに

ここまで読んでくださり、ありがとうございました。

最後に、1つだけお願いをさせてください。システム障害対応や、その改善の経験、ノウハウを私たちと一緒に発信していきませんか？

私が本書を執筆するきっかけになったのは、大学院時代に自然災害のボランティアの方々から受けた感動、社会人になってから抱いたシステム障害対応への願いでした。

大学院時代、修了直前に東日本大震災が発生しました。私財を投げ打って、日本全国、全世界から被災地にボランティアがこんなに集まるものかと感動しました。

その後、社会人になってNTTデータに入社しました。大規模なシステム障害が発生した際も、多くの方に支援頂きましたが、自然災害のときのように、日本全国、全世界でも協同できるようにしたいと願いました。

この願いは私の志となり、本書はその第一歩です。システム障害対応の改善のノウハウを皆さまに届け、協同の重要性を伝えることで、私の志である「緊急時に助け合える世界へ変える」の第一歩を踏み出しました。

まずはシステム障害を対象に「エンドユーザーがシステムインシデントで困らない世界へ変える」という目標に2026年までに着手し、その後、自然災害や救急をはじめ、他の領域へ考え方を広めていき、2046年12月10日にノーベル平和賞の授賞式にて「緊急時の助け合いの重要性」を訴え、2066年には世界が当然のように「緊急時に助け合う世界」になっていることを目指しています。

その頃には、「システム障害発生　影響 100 万人」ではなく「システム障害を世界のエンジニアが救う」という見出しがニュースの紙面を賑わす世界にしたい、むしろニュースにもならないで、当然のように緊急時に助け合っている世界にしたい、これが私の志です。

　そのためには、皆さまの助けが必要です。システム障害については、なかなか情報発信がしづらいことは重々承知の上ですが、第一歩として、システム障害対応や、その改善の経験、ノウハウを発信していきたいと考えています。

　ここからみんなで踏み出していくことが、今後、大きな流れとなって世界を変えると私は信じています。皆さまとともに、協同でやり遂げたい。
　ぜひ、皆さんの力を貸してください。

　改めまして。システム障害対応や、その改善の経験、ノウハウを発信していきませんか？

　最後までご覧頂き、ありがとうございました。

2023 年 9 月
野村浩司　@nomurakuj

発信の呼びかけに賛同して頂ける方へ
　コミュニティへ参加しませんか。私たちが運営する Web サイトからご申請ください。

https://bit.ly/co-troubleshooting-summary

謝 辞

　この本を世に出すまでに、多くの支援を頂き、それが筆者らの勇気と執筆へのエネルギーになりました。ありがとうございました。（五十音順）

　株式会社 NTT データ 相談役 岩本敏男さん。志に向かって進む際いつも励まして頂き、書籍を執筆する道のりも走りきれました。まだスタートです。今後もよろしくお願いします。

　株式会社リクルート 大島將義さん、黒田樹さん。アウトカム最大化の考え方に感銘を受けました。サッカーの比喩と図表引用の快諾にも感謝です。

　株式会社 NTT データ スマートソーシング 取締役執行役 小松正典さん。話すたびに私の思考が深まり、影響を受けました。先に行かれて悔しいので、追い越せるように頑張ります。

　株式会社ビープラウド 代表取締役 佐藤治夫さん。書籍企画に「面白そう」と興味を持って頂き、フィードバックにも大変励まされました。

　あまねキャリア株式会社 CEO 沢渡あまねさん。初めて会ったとき、思いを聞いて頂いたことを嬉しく思いました。今後ともいろいろな場面でご一緒させてください。

　株式会社 DTS 取締役 専務執行役員 竹内実さん。執筆への激励だけでなく、サービス視点の重要さ、今後の構想にも共感頂き嬉しかったです。

　株式会社 NTT データ 執行役員 西村忠興さん。本質的なフィードバックに影響を受けました。私のような変わり者にお付き合い頂きありがとうございます。

　株式会社インスパイラル 代表取締役 芳地一也さん。原因ではなく結果に着目、その際は疑問文で考える手法を学び、本書でもとり入れました。

　紙面の都合上、全員のお名前を挙げることができませんが、支援頂いた皆さま、心から感謝いたします。本書が、システム障害対応の改善を目指す方々のお役に立てることを願っております。

付録 1

システム障害対応改善の実践事例

改善の実践事例を紹介します。ただ真似てみるのではなく、この改善はどのような課題設定のもとで行われたのかを確認した上で、改善内容、工夫、担当者の感想を参考にしてみてください。

＊事実をもとに、実践事例の説明に影響しない内容、機密情報にあたる要素や数字は仮想のものにしています。

実践事例
1

アラートの対処判断を自動化

実践事例が該当する章
Chapter 7　アラート・問い合わせの分類と処置で短期効果を目指す
Chapter 8　障害検知後の判断とアクション実行を効率化する

対象の IT サービス
グローバル EC サイトの管理サービス

課題

　夜間帯に発生したアラートは、翌営業日の朝、まとめてアラート担当チームのリーダーがエラーメッセージを確認し、対応要否の判断を手動で行っていた。大量にアラートが発生するため作業に時間がかかり、ミスも起きやすく、土日に至っては複数人数の体制でアラート内容を確認していた。
　メンバーが急に離任してしまうことも多く、既知アラートのノウハウ引き継ぎも難しい状態であった。

改善内容

　手動で対処要否を判断しているアラートを、自動的に判断できるようにして、対処が必要な数を減らし、対応工数を減らす。さらに、属人化していた対処手順をアラート管理ツールに登録することで、誰でも対応できるようにする。

工夫したこと

　アラートの対処要否をしっかり決めることから開始し、アラート管理ツールに判断基準の情報を蓄積した。それにより、次回発生した際に対象のアラートは自動的に対処要否を判断できるようにし、不要アラートを先行して削減できたので、早期に効果を出すことができた。
　また、アラート量を可視化して効果が実感できるようにし、対処の情報蓄積が滞らないよう週 1 ～ 2 時間の定例会議の枠を設けた。

成果

　月間約 4000 件発生していたアラートに対して、対処要否の判断を自動化したことで、対処する数を 49% 減らすことができた。

担当者の声

▶アラート担当チーム　チームリーダー

　「これまでは、夜間帯に発生していたアラートへの対応に手を焼いていました。翌営業日の朝に、有識者がまとめて判断していたからです。しかも、有識者の稼働もとられていました。

　改善後は、対処要否を自動的に判断できるようにしたことで、作業時間は、半分とまではいきませんが、1／3 を減らすことができました。さらに、アラートの中で定型作業に該当するものを抽出して、これらの手順を整理したので作業ミスも防止できそうです。

　ただ、定型作業でも『複雑』と分類したアラート、未知のアラートは有識者判断が必要なので、次はここが改善ポイントだと考えています」

▶改善支援チーム　チームリーダー

　「アラート発生数が多い組織は、そのほとんどが対処不要のアラートという場合が多いです。今回も同様でした。また、運用チームへの暫定対応の依頼が常態化していました。その依頼への対応時間さえとれない場合、保守チームは、対応不要のアラートに対して毎回判断を迫られていました。

　取り組みを進める中で、2 つのポイントがありました。

　1 つ目は、運用チームだけでは対処要否が判断できなかったことです。そこで、保守チームへ確認する時間をとってもらうことで対応しました。ここでよかったことは、アラートがどのくらい発生しているのか可視化できたことで、改善と並行して恒久対処を進めてくれるチームが現れたことでした。

　2 つ目は、チームのモチベーションをいかに落とさないで進めてもらうかです。改善の取り組みを可視化することで、対処要否を判断できればアラート数も対応稼働も減りそうだと実感でき、改善が進んだのではと考えています」

アラート発報条件の閾値の見直し

実践事例が該当する章
Chapter 7　アラート・問い合わせの分類と処置で短期効果を目指す
対象の IT サービス
マッチングビジネスの社内向け販売管理サービス

課題

　バッチの長期走行を検知するために遅延監視を入れていたが、データ増加に伴いアラートが増えていた。

　本当にバッチ遅延が発生しているときは意味があるが、個別事情でバッチ走行時間が少し延びただけ、という場合も頻繁に発報するため、無駄なアラートになっていた。アラートが発報するとインシデント管理システムに登録し、問題ない旨を記載してクローズしていることから、工数もかかっていた。

改善内容

　原因としては、バッチ開発時点で設定した遅延監視の閾値が見直されていなかったこと。対策として、アラートを一覧化し、遅延監視の閾値の妥当性を見直した。

工夫したこと

　改善スピードを速めることを狙って、打ち合わせにユーザー企業の IT サービスマネージャが同席したこと。当該バッチが遅延することによるサービス影響をその場で判断し、開発チームが仕分けを実施して、その場で閾値の変更を決めることができた。

　また、1 回限りの改善で終わらないように、定期的（四半期に 1 回）にアラート棚卸しと閾値の妥当性確認を行うことを決めた。

📙 成果

　遅延監視のアラートが月間で60件程度発生していたが、9割削減できた。発生1件あたりのインシデント管理ツールへの登録作業が5〜10分かかっていたので、月間4.5〜9時間が削減できた。

📙 担当者の声

▶ 開発チーム（SIer）　保守運用担当

　「バッチ開発時点で設定した閾値は、確かにその時点では妥当だったのだと思います。しかし、時間の経過とともにデータが増加したり、バッチが提供するサービスの位置付けが変わったりして、必ずしもその閾値が妥当であるとは言えなくなっていました。今回、見直すことができてよかったです。これにより、日中は他の作業に費やせる時間が増えました。

　それから、お客様のITサービスマネージャの方から、保守運用周りで改善の余地はないか、無駄だと感じる作業はないか、という声かけを頂けたのは、大変助かりました。これまでは、お客様になるべくお手間をかけさせないように気を遣っていたのですが、打ち合わせに積極的に参加頂けたことで、その場で設定変更を決定できたので話が早かったです」

▶ ユーザー企業　ITサービスマネージャ

　「アラートへの対処業務は、我々にとって見えない世界での作業ではありますが、結局、保守運用を担っている方が有効に時間を使えるようになれば、攻めの改善、例えば未来のインシデントを防止するようなテーマに取り組めるようになると考えています。守りを固められてこそ、攻めに転じることができます。

　保守運用担当の方には、普段から安定的に保守運用を担ってもらっているのですが、当方から声をかけることで改善に取り組みやすくなった、という反応だったのは意外でした。今回、閾値の妥当性を一緒に確認しましたが、ユーザー企業側から声をかけ、積極的に関与することで、裏に隠れやすい保守運用の負担が改善しやすくなるのだと実感しました」

実践事例
3

既知アラートのアクション事前合意

実践事例が該当する章
Chapter 8　障害検知後の判断とアクション実行を効率化する
対象の IT サービス
マッチングビジネスの社内向け販売管理サービス

課題

アラートが発報した際、監視を担当する組織から電話連絡を受けて、エンジニアが原因を特定した上で、バッチのリランや、プロセスの kill をはじめとしたアクションを行っている。

その際、商用環境での作業が必要な際は、エンジニアからユーザー企業の社員に電話連絡を行い、その都度アクション合意を得てから復旧作業を行う手順になっていた。

それにより、復旧までのリードタイムがかかったり、深夜帯において電話確認が必要になったりしていた。

改善内容

既知のアラートを一覧化し、パターンごとに対処を決めた。過去に実績があり、アクションを事前合意しているものは、開発チームでアクションを選択し、即実行できるようにした（当事例は準委任契約が前提）。

工夫したこと

既知アラートのアクション一覧を初期作成する際は、時間をかけず、直近の事象だけを掲載したこと。それにより、早めに改善効果を得られるようにした。早々に運用を開始し、他の既知事象を発見したら「それ、今後はバッチリランしても OK です」と決めてもらうなど、効果を実感しながら一覧を増やしていったので、改善効果を最大化できた。

成果

電話連絡を 7 〜 8 割減らせた。
検知からアクションのリードタイムを短縮できた。

担当者の感想

▶ 開発チーム（SIer）　保守運用担当

「常日頃から、エンドユーザーへの影響を最小限にしたり、翌日の業務に影響が出ないように対処したりするため、様々な障害対応を行っています。主にバッチの異常終了への対応が多く、サービス影響がないか、緊張しながら確認しています。

商用環境での作業が発生する場合は、お客様に電話連絡をするルールになっていました。既知の障害内容でもその都度電話をしていたので、申し訳ない気持ちがありました。

今回、お客様より改善を打診して頂くまでは、これまでの感覚で『電話連絡をしなければ』という思い込みがありました。ですが、サービス影響を最小化するため、健康面で保守運用の持続性を高めるため、と説明されて、本来何のための障害対応なのか改めて意識することができました」

▶ ユーザー企業　IT サービスマネージャ

「障害連絡が来たときは、サービス影響を判断しつつ、保守運用担当の方とアクションを決めているのですが、『これ、いつものやつだな』と感じることが多いと気づきました。先方も『いつものやつなんですけど』と、申し訳なさそうに言っているので、これは改善の余地があると考えました。

夜間早朝の安眠を守りたいという気持ちもありましたが、早めに障害を解消させてサービス影響を最小化したい、保守運用担当の方の健康面も考慮したい、という考えから、改善に踏み切りました。

今回の改善を通して感じたのは、夜間や早朝に電話をとっていると『頑張っている風』には見えますが、そもそも本質的には何のためにやっているのか、という点に立ち戻ることが重要だということです」

大規模障害の定義と支援組織の整理

実践事例が該当する章
Chapter 9　大規模障害に備えて体制を構築する
対象の IT サービス
大規模決済サービスのアラート・ログ管理システム

課題

　当該システムは、連携先システムと密結合となっており、大量処理時の影響による性能問題を抱えていた。それによって、数カ月に 1 回、1 時間程度の停止や遅延が発生していた。

　その後、システム更改を経て安定化したことで、それまで障害対応をしていたメンバーは開発へ異動。それにより、体制は経験の浅いメンバーが中心となった。更改後 1 年半が経過したが、もしここで大規模障害が発生した場合でも、この体制で対応できるようにしておく必要があった。

改善内容

　今まで、「大規模障害」の定義はなく曖昧で、阿吽の呼吸で決めていた。これを、「直近 X カ月で XX 件以上のトランザクションのあるお客様で起きた場合」と明確にした。これにより、経験の浅いメンバーでも大規模障害と判定した上で、それに基づいた連絡要否が判断できるようになった。さらに、エスカレーション先や支援組織への連絡先、連絡手段を事前に整理した。

工夫したこと

　やることを週単位の小さいタスクに整理した。それにより、普段の業務をしながら改善を進められるようにした。

　また、影響が大きいが頻度が低い事象（例えば、セキュリティインシデ

ントやチーム内では原因が解明できない場合）についても考慮し、支援してくれる関連組織に頼れるということを担当者に説明した。

■ 成果

　大規模障害の基準、発生時の連絡先が具体的にイメージでき、「6 〜 7割は自分だけでも対応できそう」と担当者に自信がついた。

■ 担当者の声

▶ 保守運用チーム　担当者

　「管理者から、大規模障害に対応する際の体制構築を依頼されました。やらなきゃと思いつつ、何から開始するべきなのかも検討がつかず、緊急度が低いことから日々の業務に追われ、優先度を下げてしまっていました。

　取り組みを始めるにあたり、管理者と定期的に相談の場を設け、小さな単位で進め方を提示されたのがよかったと思います。その中で、過去の障害の体験談を聞いて、やらなければという気持ちが高まりました。

　また、自分だけでは不安な部分が多かったのですが、チームメンバー以外にも、支援してくれる関連組織があることを初めて知りました。大規模障害が起きたときに相談できることがわかり、安心材料が増えました。

　今後もこのような進め方を繰り返していくことで、さらに改善できそうと感じています」

▶ 改善支援チーム　チームリーダー

　「ここ最近、障害の発生頻度が低くなって安心していましたが、いざ、次に大規模障害が起きたときに耐えられる体制にしておく必要性を感じていました。これまでは、実際に障害が起きてから、対応したメンバーが経験を積み、ノウハウを蓄積している状況だったからです。

　今回、毎週少しずつ観点を決め、定期的に相談の場を設けることで、自分自身も曖昧に判断していた大規模障害という定義が見えてきたのは収穫でした。大規模障害が発生した際の連絡相談先として、セキュリティ専門組織や技術支援チームなどを組み込むこともできました」

付録 **2**

システム障害対応の改善に
役立つ便利な雛形

Part 3 で改善を進める際に役立つ、便利な雛形
を用意しています。ダウンロードもできます。
迷わず進められるように工夫をしてあります。
月ごとに、1 ページ目は担当者向け、2 ページ
目は管理者向けの内容になっています。

1カ月目ワークシート

インシデント 整理シート

インシデント整理シートは、過去のアラートと問い合わせを一覧化して、ワークシートに沿って列を埋めていくと1週目を完了することができます。

#	インシデント分類	アラート・問い合わせ例	対処概要	対処区分	難易度	緊急度	重要度
1	アラート	同期エラー	リトライされるため対処不要	対処不要	―	―	―
2	アラート	ジョブの異常終了	ジョブの再起動実施	対処必要	簡易	低	低
3	アラート	INSERT失敗	INSERT手順を実施	対処必要	簡易	低	低
4	問い合わせ	エラー画面が表示	サービスの正常性を確認	対処必要	複雑	中	中
5	アラート	データベースダウン	サーバーの再起動か待機系への切り替えを実施	対処必要	複雑	高	高
…							

1 カ月目集計・管理シート

改善見込み・進捗管理シート

　改善ステップによる改善効果や進捗を確認できる、進捗管理表とグラフです。これによって対処不要なインシデントの割合がわかるので、改善活動の効果予測に活用し、社内会議や改善提案の稟議に使うこともできます。また、改善ステップの進捗状況を見ることができます。

対処区分	インシデント件数
合計	50
対処必要	10
対処不要	30
未分類	10

		6月12日	6月19日	6月26日	7月3日
未分類		40	30	15	10
分類済	対処必要	0	0	5	10
	対処不要	10	20	30	30
分類進捗率		20%	40%	70%	80%

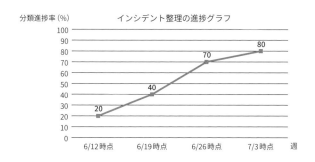

付録

2

システム障害対応の改善に役立つ便利な雛形

203

アクション・判断情報・判断基準 整理シート

　過去の障害におけるアクションについて、シートに沿って一覧化しながら、列を埋めていきます。それによって、よく使うアクションが明らかになり、そのアクションを判断する際の判断情報・判断基準が整理できます。

#	インシデント分類	事象	アクション 1 INSERT 手順	アクション 2 サーバー再起動	アクション 3 Web 掲載
3	アラート	INSERT 失敗	○		
4	問い合わせ	エラー画面が表示		○	○
5	アラート	データベースダウン		○	○
…					

#	事象	目標時間	判断情報	判断基準
アクション 1	INSERT 手順	30	該当アラート	条件に一致
			INSERT 結果	失敗
アクション 2	サーバー再起動	15	重要業務の正常性	異常
			最近のリリース	3 日以内
			リソース	80% 以上
アクション 3	Web 掲載	10	重要業務の正常性	異常
			取引量の下落幅	前週比 30% 以上
…				

▰ 2 カ月目改善方針シート

変更前：アクション改善シート

　よく使うアクションのうち、責任／権限／専門性／実行の軸で、誰が担っているかを埋めていきます。それによって、改善すべきものを検討することができます。どのような改善活動を実施すると、改善前後でどのような変化があるか明らかになります。

#	事象	責任者	権限者	専門性	実行者
アクション1	INSERT手順	保守担当管理者	保守担当チームリーダー	保守担当チームリーダー	運用担当メンバー
アクション2	サーバー再起動	保守担当管理者	開発担当チームリーダー	開発担当チームリーダー	保守担当メンバー
アクション3	Web掲載	営業担当管理者	営業担当チームリーダー	営業担当チームリーダー	営業担当チームリーダー

#	事象	対策	対応者変更	改善前作業時間	改善後作業時間
アクション1	INSERT手順	自動化	-	60	5
アクション2	サーバー再起動	標準化	保守担当へ	15	15
アクション3	Web掲載	簡易化	担当者もできるように	15	15

変更後：アクション改善シート

#	事象	責任者	権限者	専門性	実行者
アクション1	INSERT手順	保守担当管理者	保守担当チームリーダー	保守担当チームリーダー	（自動）
アクション2	サーバー再起動	保守担当管理者	保守担当チームリーダー	保守担当チームリーダー	保守担当メンバー
アクション3	Web掲載	営業担当管理者	営業担当メンバー	営業担当メンバー	営業担当メンバー

付録

2

システム障害対応の改善に役立つ便利な雛形

障害重大度判断・体制構築 整理シート

　障害の重大度レベルの基準を決めて、それぞれに合わせた体制と、体制を構築するのに必要なコミュニケーションルールを整理することができます。

レベル	緊急度	重要度
高	15 分以内に対応が必要	50% 以上の利用者へ影響 or 重要サービスが利用停止
中	30 分以内に対応が必要	10% 以上の利用者へ影響
低	1 時間以内に対応が必要	1% 以上の利用者へ影響

レベル	エスカレーション先	連絡時間	連絡先
高	保守管理者 xxx-xxxx-xxxx	通知受付後、即時	電話＋チャット
中	保守 チームリーダー	通知受付後、即時	チャット
低	運用 チームリーダー	通知受付から 30 分以内、障害発生から 60 分以内の短いほう	チャット

#	組織名	連絡条件	連絡方法
1	経営企画部	レベルが高の場合	メール
2	セキュリティ部門	セキュリティインシデントが関連する場合	電話
3	技術部門	60 分以上原因が判明しない場合	電話
…			

大規模システム障害対応訓練 企画書

　実際に関係者を集めてシステム障害訓練をする際、企画書の要点を整理することができ、よりよい訓練になっているか、次の改善につながる振り返りができているかを確認することができます。

日時	事象	事象詳細
01/01 03:00	データベースダウン	バックアップ処理長期化によってデータベース負荷が上がりデータベースダウン

レベル	緊急度	重要度
高	15 分以内に対応が必要	50% 以上の利用者へ影響 or 重要サービスが利用停止

#	検証テーマ内容	検証目標	評価
1	障害レベル判断	障害レベル高と 5 分以内に判断できること	×重要業務の確認に時間がかかった
2	保守チームリーダー	サーバー再起動が 15 分以内にできること	△確認手順に不足があった
3	営業チームリーダー	Web 掲載が 15 分以内にできること	〇担当者でもできた
...			

#	改善課題	根本原因	改善策
1	重要業務の確認に時間がかかった	重要業務の正常性の定義が曖昧だった	重要業務の正常性を定義・自動化
2	確認手順に不足があった	頻度が低く、確認手順が曖昧だった	重要で頻度の低い確認手順を洗い出して修正
...			

付録 **3**

タスク＆チェックポイント

Chapter 7 ～ 9 の最後にそれぞれ配置したタスクとチェックポイントをまとめました。

Chapter 7 のタスク

週	#	タスク名	タスク内容
第 1 週	1-1	「アラート」の洗い出し	システム監視ツールやインシデント管理ツールに蓄積されているアラートを一覧にする。
	1-2	「問い合わせ」の洗い出し	社内外の関係者からの問い合わせによる障害連絡を洗い出し、一覧化する。
	1-3	記録に残らない問い合わせの洗い出し	記録に残らない問い合わせを洗い出し、一覧化する。
第 2 週	2-1	対処の要否／難易度で分類	洗い出した一覧を対処の要否／難易度別に分類する。
	2-2	重要度／緊急度で分類	洗い出した一覧を重要度／緊急度で分類する。
	2-3	特に重要な障害を特定	一覧の中でも特に重要な障害を特定する。
第 3 週	3-1	対処不要なアラートの特定	アプリの改修・監視設定変更ができておらず、対処不要なのに出ているアラートを特定する。
	3-2	条件付き対処不要アラートの特定	条件付きで対処不要とできるアラートを特定する。
	3-3	対処不要アラートの処置	対処不要なアラートが出ないようにアプリ改修や監視設定の修正を計画、実施する。
第 4 週	4-1	定型／簡易作業の特定	対処必要なもののうち、定型的で簡易に作業が行えるものを特定する。
	4-2	定型／複雑作業の特定	対処必要なもののうち、ある程度は定型的だがベテランの知識に頼るような複雑作業を特定する。
	4-3	アラートや問い合わせへの対応標準化	対処必要なアラートや問い合わせを標準化する（例：定期共有会、手順化、自動化）。

Chapter 7 のチェックポイント

週	#	チェック名	チェック内容
第1週	1-1	「アラート」が洗い出せたか	頻度の多いアラートや、よく触れるツールからのものは洗い出しやすいが、他にないか確認する（例：特殊対応、季節性のあるもの）。
	1-2	「問い合わせ」が洗い出せたか	社内関係者からの問い合わせが他にないか確認する（例：普段あまりコミュニケーションしない組織）。
	1-3	記録に残らない問い合わせを洗い出せたか	現場特有の、記録に残らない問い合わせが他にないか確認する（例：電話、口頭、メール、チャット、郵送、FAX）。
第2週	2-1	対処不要／対処必要の割合に違和感がないか	対処不要／対処必要を分けることで、大まかに、それぞれ何%程度なのか見えてくる。その数字に違和感がないかを確認する。
	2-2	重要度／緊急度の定義と分類に違和感がないか	同じく、割合に違和感がないか確認する。
	2-3	特に重要な障害を特定しているか	誰もが知っている過去の障害や、再度起こしてはならないような障害など、チームとして重要な障害を特定しているか確認する。
第3週	3-1	対処の要否判定に違和感がないか	対処不要と特定しているが、本当は何かをすべきアラートが含まれていないか確認する。
	3-2	手法と効果のバランスがとれているか（過剰になっていないか）	アラート抑止のアプリ改修や監視設定変更で、難易度が高い手法に執着していないか確認する。
	3-3	対応を放置しているアラートがないか	アラートに慣れてしまい、担当者が対処不要と誤った判断をしていないか確認する（毎日出ていると麻痺してしまい要否の判断を誤ってしまう）。
第4週	4-1	定型化すべき対象として適切か	条件や場合によって柔軟な対処が求められるものではないこと、サービス成長や維持につながる価値ある作業であることを確認する。
	4-2	分類が適切か（異なるものを同一視していないか）	アラートや問い合わせについて、表面的には同じに見えても、サービスやシステム構成の違いで、異なる分類にすべきものがないことを確認する。
	4-3	開発品質のほうが課題になっていないか	アラートや問い合わせが起きること自体が適切ではなく、アプリ修正のほうが合理的な状況の場合は、開発品質を課題設定する。

Chapter 8 のタスク

週	#	タスク名	タスク内容
第 5 週	5-1	事象ではなくアクションに着目して一覧化	非定型と分類された障害に着目して、そこで行われた・行うべきだったアクションを一覧化する。
	5-2	頻出のアクションを選定	整理したアクションのうち高い頻度で使われるアクションを絞り込む。
	5-3	絞り込んだアクションを定義	絞り込んだアクションについて、「つまり何をすることか」「どこまでやるべきことか」など、実際に手が動かせるレベルまで具体化する。
第 6 週	6-1	どんな情報があれば判断できるかを定義	アクションを採択・棄却するためにどんな情報が必要か、どんな情報があれば判断できるかを決める。
	6-2	どのような基準で見ればよいかを定義	アクション採択・棄却を決定するための判断情報をどのような基準で見るかを決める。
	6-3	必要な情報精度を定義	アクション採択・棄却を決定するための判断情報は、どのぐらいの精度で必要かを決める。
第 7 週	7-1	アクションを判断・実行する人の洗い出し	チームの状況に合わせてアクションを判断・実行する人の候補を広く洗い出す。
	7-2	判断者・実行者を決定	洗い出した中からアクションの判断・実行を実際に担うべき人を決定する。
	7-3	判断者・実行者に必要な権限を付与	決定した判断者・実行者に対してどのような権限が必要か確認し、状況に応じて条件をつけて、権限を付与する。
第 8 週	8-1	アクション／判断情報／判断基準のうち、利用頻度が高いものを選定	選定したアクション／判断情報／判断基準のうち、特に利用頻度が高く、すぐにでも役立ちそうなものを選定する。
	8-2	時間がかかりそうなアクションを選定	頻出のアクションの中で、実施できる人が一部に限られていたり、誰かへ依頼が必要であるなど時間がかかりそうなものを選定する。
	8-3	アクション実行の効率化	頻出のアクションについて、判断情報／判断基準による実行を効率化する（例：自動化、標準化、簡素化）。

Chapter 8 のチェックポイント

週	#	チェック名	チェック内容
第5週	5-1	他組織が担うアクション、目立たないアクションも抽出したか	他の関係者が担うアクションや、目立たないけれど必ず必要になるアクションが抽出できているか確認する。
	5-2	頻出アクションが有用なものか	絞り込んだ頻出アクションが、今後のシステム障害対応に使えるようなものであるか確認する。
	5-3	チームの誰もが使えるレベルになっているか	チームの誰もが使えるレベルまでアクションが具体化・明確化できているか確認する。
第6週	6-1	アクション決定は、その情報と基準で判断できるか	「本当に役立つ情報か」を、具体例を思い浮かべて確認する（その後のアクションに役立つこと）。
	6-2	アクション決定は、その情報精度で判断できるか	「本当に判断できるか」を、具体例を思い浮かべて確認する。
	6-3	過剰な情報精度を求めていないか	判断に足る適度な精度になっているか確認する。
第7週	7-1	アクション実行に協力してくれそうな方はいるか	アクション実行に協力してくれそうな、普段あまりシステム障害対応に関わらない方に目を向けられているか（例：スタッフ、隣のチーム）。
	7-2	判断者・実行者が現実的かつ効果的か	アクションごとの判断者・実行者を見たときに、実際に判断・実行ができそうで、よりふさわしい人が選べているかを確認する。
	7-3	付与した権限や条件がルール上問題ないか	新たに付与した権限や条件が、社内ルールやセキュリティ基準などに照らし合わせて問題ないことを確認する。
第8週	8-1	利用頻度が高いものが選ばれているか	現場担当者が改善しやすいと思っているものではなく、実際のシステム障害対応時に高い頻度で使われているものが選ばれているか確認する。
	8-2	現場担当者が早い段階で効果を感じられるか	年に数回しか使われない、課題になっていないものではなく、現場担当者が改善効果を感じられるアクションを選んでいるか確認する。
	8-3	改善手段が合理的か	効果に見合わないような手間がかかる手段になっておらず、合理的であることを確認する。

Chapter 9 のタスク

週	#	タスク名	タスク内容
第9週	9-1	大規模障害の事例の選定	対策を実施する大規模障害の事例を選定する。チームとして最も対策すべき数件に絞る。
	9-2	事例をもとにした大規模障害の定義	事例をもとに、何をもって大規模障害だと判断したのか考えながら、サービス視点でシンプルに定義する。
	9-3	エスカレーションのルール整理	事例をもとに、誰にどのような内容を何分以内に連絡するなどのルールを整理する。
第10週	10-1	大規模障害の体制パターンの整理	事例をもとに、大規模障害が発生したときの状況を想像し、実際に組まれる体制のパターンを決める。
	10-2	大規模障害時の関係者の洗い出し	大規模障害時に、特に関係しそうな関係者を洗い出す。
	10-3	関係者を巻き込む条件の決定	障害規模や障害内容によって、どのような関係者を巻き込むかの条件を決める。
第11週	11-1	過去の大規模障害時コミュニケーションの把握と整理	かつて発生した大規模障害時に実施していたコミュニケーションを把握し、どのようなコミュニケーションが求められているか整理する。
	11-2	大規模障害時のコミュニケーション方針の定義	どのような方針でコミュニケーションするか定義する（ITサービスや組織の特性を見ながら）。
	11-3	大規模障害時のコミュニケーションルールの制定	どの関係者間で、どのようなコミュニケーション手段を使うべきか、方針に基づきルールを制定する（例：チャット、メーリングリスト、情報格納先）。
第12週	12-1	システム障害対応訓練の企画と実行	システム障害訓練で何を目的にしてどんな訓練をするか企画、実行をする（机上か実機か、部分か全体か）。
	12-2	訓練の振り返り（意見交換）と改善点の選定／実行	訓練で実施した内容を各自で振り返り、その意見交換をする。改善点を1つでもいいので素早く実施する。
	12-3	アンケートの実施	振り返りの時間内またはアンケートで、目的の達成度を確認し、次の継続的改善にポジティブな人を見つける。

Chapter 9 のチェックポイント

週	#	チェック名	チェック内容
第 9 週	9-1	必要最低限の大規模障害が選定されているか	特に注力すべき数件の大規模障害（目安として 2、3 件程度）に絞れているかを確認する。
	9-2	大規模障害の定義にサービス視点が含まれているか	システム視点だけではなく、サービス利用者の視点を含めた定義になっていることを確認する。
	9-3	エスカレーションルールが具体化されているか	エスカレーションを実際に行う担当メンバーが、障害定義とルールに従って本当にエスカレーションができるかを確認する。
第 10 週	10-1	体制のパターンが覚えられる範囲になっているか	体制のパターンが覚えられる範囲の数になっているかを確認する（目安として 2、3 件程度）。
	10-2	関係者が他にいないか	選定した大規模障害の例から、大規模障害ならではの関係者が他にいないか確認する。
	10-3	関係者を巻き込む条件がわかりやすいか	実際に大規模障害が発生したときに、設定した条件で連絡の是非を本当に判断できるかを確認する。
第 11 週	11-1	大規模障害時のコミュニケーション手段のうち重要なものが盛り込まれているか	大規模障害時に役立つ重要なコミュニケーションか、逆に、役に立たなかった・やめたいコミュニケーションが紛れていないか確認する。
	11-2	規定のコミュニケーションルールの範囲内で改善余地はないか	すでに決まっている規定のコミュニケーションルールの中で、改善できる余地がないか確認する。
	11-3	大規模障害時のコミュニケーション手段に無理がないか	決めたコミュニケーション手段は誰もが使い慣れていて、実際に緊張状態の大規模障害時でも無理がないかを確認する。
第 12 週	12-1	訓練の振り返りが前向きで、参加者の気づきを引き出せているか	重く暗い雰囲気になっておらず、参加者が気づきを出しやすいファシリテーションができているか確認する。
	12-2	企画者、参加者がもう一度やってもよいと思えているか	企画者と参加者がもう一度、他の訓練をやってもよいと思えているか、アンケートなどで、継続的改善にポジティブな人を見つけられているか確認する。
	12-3	振り返りを受けての改善の打ち手が軽くて合理的か	次の訓練のハードルが上がらないように、打ち手が重すぎず、軽くて合理的なものになっているか確認する。

参考文献

システム障害

■『システム障害対応の教科書』
————————————————————————————————— 木村誠明（著）、技術評論社刊

システム障害対応に必要な考え方が体系的にまとめられています。

■「ソフトウェアデザイン 2022 年 5 月号」
【第 2 特集】インシデント対応 実践トレーニング
——— 技術評論社刊

チーム単位と全社規模の大規模障害訓練の事例が紹介されています。

■「情報システムの障害状況一覧」
————————————————————————————— IPA（独立行政法人 情報処理推進機構）

全国紙などで報道された情報システムの障害情報がまとめられ、大規模障害
の事例を探す際に便利です。

https://www.ipa.go.jp/archive/digital/iot-en-ci/system/system_fault.html

■「金融機関のシステム障害に関する分析レポート」
—— 金融庁

ミッションクリティカルなサービスの原因分析が参考になります。

https://www.fsa.go.jp/news/r2/20210630/20210630.html

■「ICT 部門における業務継続計画 訓練事例集」
—————————————————————— 総務省 災害に強い電子自治体に関する研究会

システム障害対応の訓練ではありませんが、訓練を企画する際に参考になり
ます。

https://www.soumu.go.jp/main_sosiki/kenkyu/denshijichi/index.html

■「日経 XTECH」【連載】動かないコンピュータ

——————————————————— 日経 BP

失敗事例やシステムトラブルについて、インタビューや考察を交えながら、
詳しい記事が掲載されています。

https://xtech.nikkei.com/atcl/nxt/mag/nc/18/020600011/

■「piyolog」

——————————————————— piyokango

セキュリティインシデント、システム障害の情報をいち早くまとめてくれて
います。

https://piyolog.hatenadiary.jp/

■「日経 XTECH」【連載】piyokango の週刊システムトラブル

——————————————————— 日経 BP

システムトラブルについて、わかりやすく書かれていて定期的に読めます。

https://xtech.nikkei.com/atcl/nxt/column/18/00598/

■「PagerDuty Incident Response」＊邦訳版

————————————— PagerDuty Inc.、Shin'ya Ueoka（訳）

PagerDuty というインシデントマネジメントサービスのシステム障害対応の
考え方の邦訳です。

https://i-beam.org/2020/09/22/pagerduty-incident-response/

■「Downdetector」

——————————————————— Ookla, LLC

世の中の IT サービスの障害発生状況を幅広く知ることができます。

https://downdetector.jp/

■「NewsDigest」

──────────────────────── 株式会社 JX 通信社

とにかく早く情報が出てきます。システム障害のニュースも早いです。

https://newsdigest.jp/

システム運用アーキテクチャ

■「非機能要求グレード」

──────────────── IPA（独立行政法人 情報処理推進機構）

ユーザー企業と開発チームとの間の非機能要求に関する認識の行き違い防止、
ビジネスに応じた適切な要求レベル合意を目的に作成されています。

https://www.ipa.go.jp/archive/digital/iot-en-ci/jyouryuu/hikinou/ent03-b.html

■『IT レジリエンスの教科書──止まらないシステムから止まっても素早く
復旧するシステムへ』

──────────────── 大和総研（著）、翔泳社刊

障害訓練についても解説されています。

■『システム運用アンチパターン──エンジニアが DevOps で解決する組織・
自動化・コミュニケーション』

──────── Jeffery D. Smith（著）、田中裕一（訳）、オライリージャパン刊

アンチパターンとして「アラート疲れ」が紹介されています。

■『運用設計の教科書──現場で困らない IT サービスマネジメントの実践ノウハウ』

──────── 日本ビジネスシステムズ株式会社 近藤誠司（著）、技術評論社刊

一般的に情報の少ない運用設計に関して網羅的に書かれています。

■『運用改善の教科書──クラウド時代にも困らない、変化に迅速に対応す
るためのシステム運用ノウハウ』

──────────────── 近藤誠司（著）、技術評論社刊

運用改善を実際に進めるために必要なことが網羅的に書かれています。

- ■『SRE サイトリライアビリティエンジニアリング——Google の信頼性を支えるエンジニアリングチーム』
  —— Betsy Beyer 他（著）、Sky 株式会社 玉川竜司（訳）、オライリージャパン刊
  SRE の考え方の基本として、サービス提供に責任を負うことについて書かれています。

- ■『入門 監視——モダンなモニタリングのためのデザインパターン』
  —————————— Mike Julian（著）、松浦隼人（訳）、オライリージャパン刊
  監視の設計を見直したいときには、読みやすく網羅的でおすすめです。

- ■『プロダクションレディマイクロサービス——運用に強い本番対応システムの実装と標準化』
  —————————— Susan J. Fowler（著）、長尾高弘（訳）、オライリージャパン刊
  マイクロサービスの特徴をもとに、サービス開始前に実施すべき内容が書かれています。

- ■『Lean と DevOps の科学［Accelerate］——テクノロジーの戦略的活用が組織変革を加速する』
  —————————— Nicole Forsgren 他（著）、武舎広幸 他（訳）、インプレス刊
  変更という攻めと修復の守りとがバランスよく書かれています。

▶ その他

- ■「株式会社リクルート エンジニアコース新人研修の内容を公開します！（2021
  年度版）」事業価値とエンジニアリング・リソース効率性とフロー効率性
  —————————————————株式会社リクルート、黒田樹（執筆）
  価値最大化観点で、エンジニアリングの役割が構造的に述べられています。
  https://blog.recruit.co.jp/rtc/2021/08/20/recruit-bootcamp-2021/

■『サービスを制するものはビジネスを制する』
　　　　　　　　　　　グロービス経営大学院（著）、山口英彦（執筆）、東洋経済新報社刊
サービスマネジメントにおいて、サービスプロフィットチェーンの考え方が解説されています。サービスにおける従業員満足の重要性がわかります。

■『クリティカル・シンキング集中講座──「問題解決力」を短期間でマスター』
　　　　　　　　　　　　　　　　　　　　　　　　芳地一也（著）、アスペクト刊
本書で紹介した、疑問文に変換して考える手法が解説されています。

■「企業 IT 動向調査」
　　　　　　　　　　　JUAS（一般社団法人 日本情報システム・ユーザー協会）
企業における IT 投資、IT 利用の現状と経年変化について明らかにする、とされています。

https://juas.or.jp/library/research_rpt/it_trend/

■『完訳 7 つの習慣──人格主義の回復』
　　　　　　　　　　　　　　　　　　　　　スティーブン・R・コヴィー（著）、
　　　　　　フランクリン・コヴィー・ジャパン（訳）、キングベアー出版刊
「第三の習慣：最優先事項を優先する」で、重要だが緊急ではない事象の大切さについて述べられています。

■『インテリジェンス駆動型インシデントレスポンス ──攻撃者を出し抜く
　　サイバー脅威インテリジェンスの実践的活用法』
　　　　　　　　　　Scott J. Roberts 他（著）、石川 朝久（訳）、オライリージャパン刊
セキュリティ領域のインシデント対応についての実践的活用法が書いてあります。セキュリティ分野の考え方や思想が参考になります。

索引

図表一覧

本書内容に関するお問い合わせについて

このたびは翔泳社の書籍をお買い上げいただき、誠にありがとうございます。弊社では、読者の皆様からのお問い合わせに適切に対応させていただくため、以下のガイドラインへのご協力をお願いいたしております。下記項目をお読みいただき、手順に従ってお問い合わせください。

●ご質問される前に
弊社 Web サイトの「正誤表」をご参照ください。これまでに判明した正誤や追加情報を掲載しています。
正誤表　https://www.shoeisha.co.jp/book/errata/

●ご質問方法
弊社 Web サイトの「書籍に関するお問い合わせ」をご利用ください。
書籍に関するお問い合わせ　https://www.shoeisha.co.jp/book/qa/
インターネットをご利用でない場合は、FAX または郵便にて、下記"翔泳社 愛読者サービスセンター"までお問い合わせください。電話でのご質問は、お受けしておりません。

●回答について
回答は、ご質問いただいた手段によってご返事申し上げます。ご質問の内容によっては、回答に数日ないしはそれ以上の期間を要する場合があります。

●ご質問に際してのご注意
本書の対象を超えるもの、記述個所を特定されないもの、また読者固有の環境に起因するご質問等にはお答えできませんので、あらかじめご了承ください。

●郵便物送付先および FAX 番号
送付先住所 〒 160-0006　東京都新宿区舟町 5
FAX 番号 03-5362-3818
宛先 （株）翔泳社 愛読者サービスセンター

※本書に記載された URL 等は予告なく変更される場合があります。
※本書の出版にあたっては正確な記述につとめましたが、著者や出版社などのいずれも、本書の内容に対してなんらかの保証をするものではなく、内容やサンプルに基づくいかなる運用結果に関してもいっさいの責任を負いません。
※本書に記載されている会社名、製品名はそれぞれ各社の商標および登録商標です。
※本書に記載されている情報は 2023 年 8 月執筆時点のものです。

読者特典データの URL

https://bit.ly/book_in3months_system_failure_response

野村浩司 （のむらこうじ）

中央大学大学院理工学研究科卒。グロービス経営大学院 MBA プログラム 2024 年 3 月修了予定。

株式会社 NTT データで、金融システムの開発保守運用と改善を 12 年担当。7 年にわたり合計約 1000 件の障害事例を分析。システム障害対応の改善では、アラートを 9 割削減。現在、エンドユーザーの影響極小化を目指したインシデントレスポンスサービス「XonOps（エクソンオプス）」の企画運営を担う。社内外 100 チーム以上のシステム障害対応の改善に取り組んでいる。

寝ても覚めても、システム障害対応の改善と、人々が助け合える世界の実現について考え、行動している。最近、健康に気を遣い始めた。

松浦修治 （まつうらしゅうじ）

筑波大学第 2 学群日本語日本文化学類卒。グロービス経営大学院 MBA プログラム 2022 年 3 月修了。IPA IT サービスマネージャ、プロジェクトマネージャ、IT ストラテジスト保有。

株式会社リクルートで、人材事業のプロジェクトマネジメント、IT サービスマネジメントを 14 年担当。新規プロダクト初期構築の開発マネジメントで、2010 年には IT 部門通期 MVP を受賞。

現在、担当領域の IT サービスマネジメントに加えて、人材系グループ会社での IT 企画や、領域横断で IT サービスマネージャ同士の連携を深める活動に取り組んでいる。

カオス耐性があり、滅多なことでは動じない。人に興味があり、美味しい酒を飲みながら人と話すのが特に好き。

ブックデザイン：宮嶋 章文
DTP：株式会社 BUCH⁺

3 カ月で改善！システム障害対応 実践ガイド
インシデントの洗い出しから障害訓練まで、
開発チームとユーザー企業の「協同」で現場を変える

2023 年 9 月 19 日 初版第 1 刷発行

著　　　者：野村 浩司
　　　　　　松浦 修治
発　行　人：佐々木 幹夫
発　行　所：株式会社 翔泳社 （https://www.shoeisha.co.jp）
印刷・製本：株式会社 ワコー